化学工业出版社"十四五"普通高等教育规划教材

国家级一流本科专业建设点配套教材

江苏省高校品牌专业建设工程三期项目(化学)配套教材

江苏省卓越工程师教育培养计划2.0专业配套教材

江苏省产教融合型品牌专业配套教材

综合化学实验

王彦卿　陶为华　主编

Comprehensive
Chemistry
Experiments

化学工业出版社

·北京·

内容简介

《综合化学实验》主要包括四个专题：有机合成化学、生物医药化学、能源材料化学和环境友好化学，力求打破学科的界限，强化实验的学科交叉。本书突出实验的前沿性，促进本科教学内容与科研有机融合，激发学生的创新意识；同时注重实际应用性，结合学科发展前沿与化工企业的生产实际，增加企业实际应用知识点与实验内容，提高学生的实践能力。

本书可作为化学、应用化学、材料化学、储能科学与工程的综合化学实验教材，也可供相关实验人员和专业人员参考。

图书在版编目（CIP）数据

综合化学实验 / 王彦卿，陶为华主编. — 北京 ：化学工业出版社，2025. 11. —（化学工业出版社“十四五”普通高等教育规划教材）. — ISBN 978-7-122-49216-6

Ⅰ. O6-3

中国国家版本馆 CIP 数据核字第 2025VB5130 号

责任编辑：汪　靓　宋林青　文字编辑：夏　慧　师明远
责任校对：李　爽　　　　　装帧设计：史利平

出版发行：化学工业出版社
（北京市东城区青年湖南街 13 号　邮政编码 100011）
印　　装：北京云浩印刷有限责任公司
787mm×1092mm　1/16　印张 11　字数 257 千字
2025 年 12 月北京第 1 版第 1 次印刷

购书咨询：010-64518888　　售后服务：010-64518899
网　　址：http://www.cip.com.cn
凡购买本书，如有缺损质量问题，本社销售中心负责调换。

定　　价：32.00 元　

编写人员名单

主　　编：王彦卿　陶为华

副 主 编：杨云霞　孙世新　朱大亮　徐国栋　杨　峰

编写人员：（按姓氏笔画排序）

王　羽　王彦卿　王慧文　孔娇娇　朱大亮

任芳芳　刘振亚　刘方方　刘兴宽　刘总堂

孙玉珍　孙世新　巫先坤　李　杰　李　静

杨　峰　杨云霞　吴永会　张红梅　张洋阳

郑文涛　房忠雪　夏文龙　徐国栋　殷春涛

陶为华　葛　超　董　军　董友珍　温小菊

鲍成满　戴兢陶　魏利莎

前 言

化学实验教学是引导学生培养实验观念，学习实验技能，练就探索问题、提出问题、分析及解决问题能力的重要手段，是开发学生的思维、培育学生的创新意识以及养成学生科研素质的重要载体。“综合化学实验”是在学生完成基础化学实验，已具备了一定的实验知识、实验技能、实验方法和实验基本操作的基础上，在化学一级学科层面上安排的，与学科前沿紧密结合，能够体现科研与教学的相互联系，并将比较多的实验基础理论和基本技能融会贯通在一个实验中，以提高学生综合运用所学知识和技能解决复杂问题的能力。该课程是基础化学实验完成后为即将撰写毕业论文（设计）的高年级学生所开设的一门衔接性实验课程。通过综合实验的训练将各化学学科的理论知识和实验技能融会贯通、综合运用，使学生学会根据实际问题选择和运用现代实验方法和仪器，培养学生严谨的科学态度，良好的实验素养和分析、解决实际问题的能力，绿色环保意识以及科研和创新能力。

对照教育部提出的“新工科”建设要求——“加强创新能力培养”，盐城师范学院对化学课程体系和教学内容进行了重大改革，将原有四大化学实验课改为“基础化学实验”和“综合化学实验”，在本科高年级开设“综合化学实验”课程，有助于培养学生的创新精神与操作能力，进一步实现高素质专业人才的培养理念。 2025 年 1 月中共中央、国务院印发的《教育强国建设规划纲要（2024—2035 年）》中明确指出“推动校企在办学、育人等方面深度合作”，我校紧跟国家教育战略步伐，为深化产教融合，校企合作，构建产教全方位、深度融合的协同育人长效机制，将综合化学实验教材打造成面向行业、企业实际及产业发展需要的产教融合教材， 突出综合化学实验教材“重视基础、反映现代、趋向前沿、综合交叉”的内容体系，推动课程内容与产业需求科学对接，将产业发展前沿成果纳入教材。本教材的素材来自高等院校的教师教学、科研和企业中一线工程师的实践，体现出教材内容对应于新工艺、新技术。

本教材分为四章。第一章为有机合成化学，第二章为生物医药化学，第三章为能源材料化学，第四章为环境友好化学，全书由王彦卿、陶为华统稿。本教材是校企合作教材，江苏南大华兴环保科技股份公司、南大盐城环境检测科技有限公司、江苏海普功能材料有限公司和江苏黄海生态环境科技有限公司的工程技术人员共同参与了本教材的编写工作。

感谢国家级一流本科专业建设点、江苏省高校品牌专业建设工程三期项目（化学）、江苏省卓越工程师教育培养计划 2.0 专业和江苏省产教融合型品牌专业对本教材出版的资助。

由于编者水平有限，恳请同行和读者批评指正。

编者

2025 年 2 月

目 录

第一章

有机合成化学

实验一

邻羟基苯乙酮的合成

一、实验目的

1. 掌握 Fries 重排合成邻羟基苯乙酮的方法。

2. 巩固萃取、无水操作、水蒸气蒸馏等基本操作。

3. 了解邻羟基苯乙酮在有机药物分子中的应用。

二、实验原理

邻羟基苯乙酮是黄酮合成过程中的重要中间体。邻羟基苯乙酮的合成可以通过 Fries 重排反应实现，一般以三氯化铝为催化剂，由乙酸苯酚酯发生重排反应合成。

反应式如下：

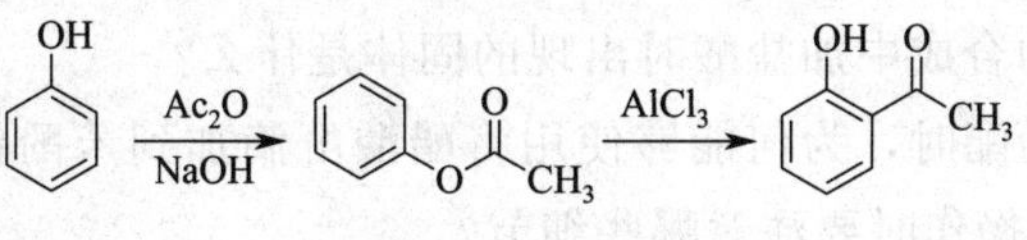

三、实验仪器与药品

1. 仪器

圆底烧瓶、三颈烧瓶、机械搅拌器、球形冷凝管、分液漏斗、烧杯、直形冷凝管、尾接管、干燥箱。

2. 药品

氢氧化钠、苯酚、醋酸酐、甲苯、无水三氯化铝、盐酸、无水硫酸镁。

四、实验步骤

1. 乙酸苯酚酯的合成

在 100 mL 圆底烧瓶中加入 3 g 氢氧化钠、5 mL 水和 4.7 g 苯酚，通过机械搅拌器搅拌使其溶解。然后，向混合物中加入 25 g 碎冰，在搅拌下逐滴加入 7 mL 醋酸酐和 5 mL 甲苯，随即有油状物悬浮于溶液上层。将此乳浊液转入分液漏斗中分出有机相，水层用甲苯萃取 3 次，每次 5 mL。合并甲苯萃取液，用 10 mL 3%的氢氧化钠溶液洗涤 2 次，再用 10 mL 水洗涤 2 次，最后将有机相用无水硫酸镁干燥。减压抽滤，去除无水硫酸镁，得到乙酸苯酚酯的甲苯溶液。

纯乙酸苯酚酯的沸点为 195.7 ℃，相对密度为 1.0780。

2. 邻羟基苯乙酮的合成

向 50 mL 干燥的三颈烧瓶中加入 5.1 g 无水三氯化铝，采用搅拌滴加回流装置，在不断搅拌下缓慢滴加制备的乙酸苯酚酯的甲苯溶液，这时有较强烈的放热现象，同时溶液变为橙红色。

滴加结束后关闭搅拌器，升高回流温度，将反应温度维持在 130～160 ℃约 1 h。之后，将反应混合物冷却至室温，加入 20 mL 5%的盐酸，使固体逐渐溶解，溶液中有棕色油状物产生。将粗产物转入分液漏斗中分出有机相，水层用甲苯萃取 3 次，每次 5 mL，合并萃取液，用无水硫酸镁干燥。蒸出溶剂后用水蒸气蒸馏，收集馏分后用无水硫酸镁干燥，振摇，静置，过滤。产物为淡黄色黏稠状液体，产量约 2.0 g。

邻羟基苯乙酮的沸点为 218 ℃，相对密度为 1.1307。

五、注意事项

所用装置要提前烘干。

六、问题讨论

1. 乙酸苯酚酯的合成中为何要加入碎冰？为什么可以这么做？

2. 邻羟基苯乙酮的合成中加盐酸时出现的固体是什么？

3. 在合成乙酸苯酚酯时，为何能够使用将醋酸酐滴加到苯酚钠水溶液中的方法？反过来操作可以吗？实际操作时要注意哪些细节？

4. 在合成邻羟基苯乙酮时，如果乙酸苯酚酯的量较少，如何进行操作？合成邻羟基苯乙酮时，主要的副产物是什么？如何除去？为什么可以这样操作？

七、知识链接

邻羟基苯乙酮是合成抗肿瘤病毒生物活性物质查耳酮（chalcone）的重要中间体，在药物合成中有广泛的应用。邻羟基苯乙酮作为原料不仅可以用来合成抗癌性药物如 6-氟色酮衍生物，同时还可以制备除草剂 2,3-二氢-3-亚甲基-2-苯基-1*H*-异吲哚-1-酮衍生物。近年来还被用于分子印迹聚合物、稀土配合物等功能材料的合成及性能研究。

八、参考文献

1. 王国喜，马东玲，鲍改玲．邻羟基苯乙酮合成方法的改进 [J]．郑州大学学报（自然科学版），

2000，(2)：89-90.

2. 高文涛，兰帅，李阳，等．取代邻羟基苯乙酮的简便绿色合成 [J]. 化学研究与应用，2014，26 (7)：1148-1154.

3. 刘现国，郭朋辉．微波加热三氯化铝催化合成邻羟基苯乙酮 [J]. 化工中间体，2009，5 (9)：31-33.

实验二

可见光诱导大茴香醛的高效合成

一、实验目的

1. 学习和了解光化学和自由基化学等重要知识。
2. 掌握醇氧化、醛制备的新方法。
3. 巩固称量、萃取、减压蒸馏、常压过滤和薄层色谱法等基本操作。

二、实验原理

4-甲氧基苯甲醛又称大茴香醛，为无色或淡黄色液体，有茴芹和山楂香气，广泛应用于药物合成、香水调配和香精制作等领域，因此，其市场需求量逐年增加。由醇制备醛类化合物时使用的氧化剂是含有铬酐和吡啶的沙瑞特试剂，经过调研发现，在本科实验教学中，因铬酐和吡啶的毒性较大，所以缺少该类实验。目前，根据合成原料的不同，合成大茴香醛的方法主要分为烯烃的重铬酸钾氧化反应，污染较大；苯甲醚的亲电取代反应，区域选择性差、分离提纯要求高；对羟基苯甲醛的甲基化反应，使用的硫酸二甲酯属于有机剧毒品。

本实验所使用的方法是在可见光的照射下，基态的曙红 Y（Eosin Y）转化为激发态的 Eosin Y*，随后，Eosin Y* 与 4-甲氧基苯甲醇通过氢原子转移的方式，生成 Eosin Y—H 和苄基自由基（Ⅰ），最后中间体Ⅰ失去一个电子和一个质子得到大茴香醛。与此同时，氧气将 Eosin Y—H 氧化得到过氧化羟基自由基（HOO˙）和基态的 Eosin Y。

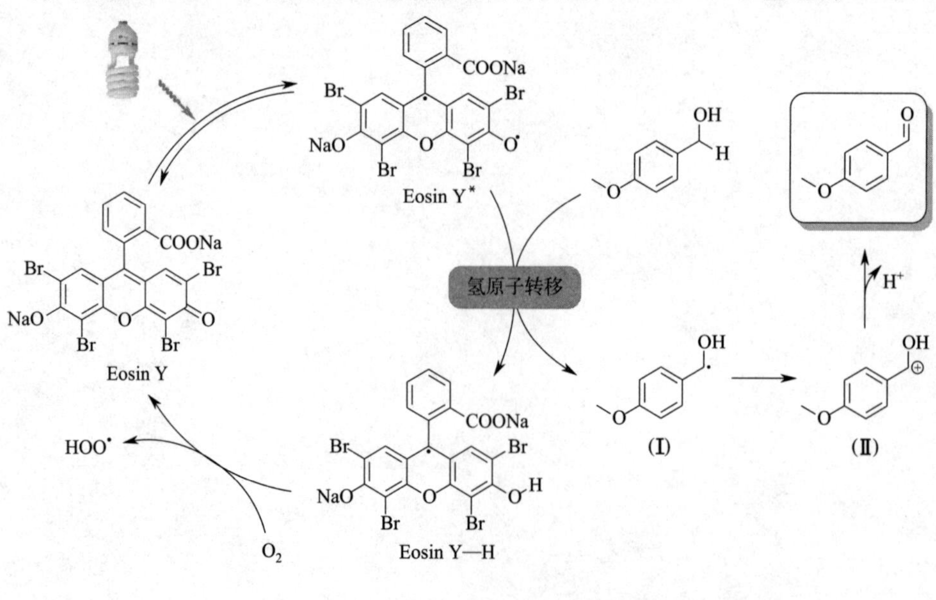

三、实验仪器与药品

1. 仪器

磁力搅拌器、节能灯、旋转蒸发仪、真空干燥箱、圆底烧瓶、分液漏斗、烧瓶夹、橡胶球胆、乳胶管、抽气头。

2. 药品

4-甲氧基苯甲醇、曙红 Y、二甲基亚砜、乙酸乙酯、石油醚、氯化钠、二氯甲烷、活性炭、无水硫酸镁。

四、实验步骤

1. 搭建光反应装置

本实验反应装置如图 1 所示，主要组成部分为纸箱、磁力搅拌器、45 W 节能灯、烧瓶夹、橡胶球胆、乳胶管、抽气头、50 mL 圆底烧瓶、玻璃管和磁力搅拌子。

图 1　反应装置

2. 大茴香醛的合成

向 50 mL 圆底烧瓶中依次加入磁力搅拌子、4-甲氧基苯甲醇（3.0 mmol，0.372 mL）、二甲基亚砜（DMSO，20.0 mL）、曙红 Y（Eosin Y，0.1038 g），通入氧气，搅拌，打开光源，搅拌 3 h。采用薄层色谱法监测反应，展开剂的体积比为 $V_{PE}:V_{EA}=5:1$，比移值约为 0.5。

3. 大茴香醛的分离提纯

反应结束后，向圆底烧瓶内加入 10.0 mL 去离子水淬灭反应，然后将反应液转移至 125 mL 分液漏斗中，加入 20.0 mL 饱和食盐水和 15.0 mL 二氯甲烷萃取，收集有机相，重复 3 次。将有机相转移至分液漏斗，加入 20.0 mL 饱和食盐水洗涤，重复 2 次，用 30.0 mL

去离子水洗涤，有机相为黄色液体，转移到100 mL圆底烧瓶，加入1.0 g活性炭脱色，搅拌10 min。过滤，收集滤液，为无色液体。将滤液转移到100 mL圆底烧瓶，加入0.50 g无水硫酸镁，搅拌15 min。过滤，收集滤液。减压蒸馏，称量，产品为无色液体，计算产率。

五、注意事项

1. 乙酸乙酯为无色液体且高度易燃，在使用时应远离热源，避免使用明火。

2. 二氯甲烷为无色透明液体，易挥发，有麻醉作用，主要损害中枢神经和呼吸系统，实验过程应在通风橱中进行。

3. 二甲基亚砜为无色无臭的透明液体，是一种吸湿性的可燃液体，能够灼伤皮肤并使皮肤有刺痛感，在使用时，要佩戴橡胶手套注意自身防护。

4. 在实验中，氧气钢瓶需避免明火，不能靠近热源，不能受日光暴晒。

5. 氢氧化钾为强碱，白色固体，易潮解，使用时不要触碰到皮肤，若触碰皮肤，需要及时使用大量冷水进行冲洗。

6. 节能灯应在暗箱中使用，在接通电源时需要确保放下挡板，防止光源直射眼睛。

六、问题讨论

1. 本实验可用于制备具有活血化瘀、治疗失眠心悸作用的龙血素A，可自行学习和了解实验原理和过程。

2. 实验过程中加入无水硫酸镁的目的是什么？

3. 如何计算大茴香醛的产率？

七、知识链接

随着社会的不断进步以及工业化的快速发展，我们面临着日益严重的能源短缺和环境污染等问题。在此背景下，大力提倡“绿色化学”，实现可持续发展，成为当前社会各界关注的焦点。“绿色化学”又称“环境友好化学”，其主要含义是减少或消除化学转化或设计过程中有害物质的使用和产生。光能属于自然界中的可再生清洁能源，来源丰富，是一种可持续的能源。使用光能作为化学变化的媒介，来推动物质之间的转化，一是可以保证温和、无污染的反应条件，二是能够有效避免因严苛的反应条件而带来的各种限制，这为大多数反应的顺利开展带来了不少便利。无疑，光能有着其他能源所不可比拟的优势。早在一百多年前，意大利化学家Ciamician就肯定了光化学是绿色化学所不可忽视的技术之一，借助光能是真正绿色的合成方法，他在进行了大量的研究后，于1908年的演讲中将光化学在有机化学等领域的潜力向人们做出了详细的阐述。随后，光化学开始飞速发展起来。

可见光在太阳光中的含量可达到50%，占据了一半。因为可见光自身具有天然丰度大、绿色化等优点，利用可见光诱导的反应条件大多温和、高效、环境友好，对设备的要求也不高。所以，从19世纪初期，可见光就受到了化学家们的推崇，但直至19世纪70年代，可见光诱导才被逐步运用到有机合成反应中。如今，由于可见光诱导的有机反应具有反应条件温和、易于操作的特点，且符合绿色合成和可持续发展的理念，越来越多的研究将可见光应用于有机合成中，以代替以往传统的热化学反应，使其成为合成化学中广泛应用的一种反应模式，为合成反应的发展注入了新的活力。

八、参考文献

1. 王忠冬，韩帅，李为民．对甲氧基苯甲醛合成工艺研究进展 [J]. 山东化工，2023，52 (2)，76.

2. 邢其毅，裴伟伟，徐瑞秋，等．基础有机化学（上册）[M]. 4 版．北京：北京大学出版社，2017：294-295.

3. 孙尔康，张剑荣，曹健，等．有机化学实验 [M]. 3 版．南京：南京大学出版社，2018.

4. 傅春玲，陈时忠．有机化学实验 [M]. 杭州：浙江大学出版社，2000.

5. 徐克勋．精细有机化工原料及中间体手册 [M]. 北京：化学工业出版社，1998：743-745.

6. 黄薇．综合化学实验 [M]. 北京：化学工业出版社，2018：73-75.

实验三

β-磺内酰胺的合成

一、实验目的

1. 了解传统的β-磺内酰胺类化合物的合成方法。
2. 掌握实验中β-磺内酰胺类化合物的制备操作、注意要点和应用拓展。
3. 初步了解β-磺内酰胺类化合物的用途。

二、实验原理

磺内酰胺是磺酰胺类化合物中重要的杂环化合物，它们在有机化学、药物化学、农业化学等各个领域具有巨大的用途。β-磺内酰胺是β-内酰胺的类似物，也是氨基乙磺酸类化合物的环状化合物。β-磺内酰胺具有更高的反应活性，不仅可以发生开环反应得到牛磺酸类化合物，并且还可以作为潜在的手性助剂，应用于不对称催化反应。β-磺内酰胺的合成需经过两步反应，首先是醛与N-甲基羟胺盐酸盐生成硝酮，然后将硝酮与亚砜反应得到相应的β-磺内酰胺产物。

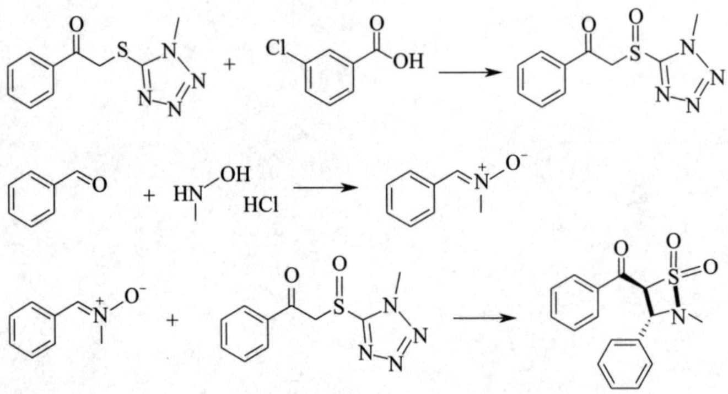

三、实验仪器与药品

1. 仪器

三口烧瓶、圆底烧瓶、磁力搅拌器、球形冷凝管、恒压滴液漏斗、分液漏斗、烧杯、直形冷凝管、尾接管、天平。

2. 药品

N-甲基羟胺盐酸盐、苯甲醛、碳酸氢钠、无水硫酸钠、二氯甲烷、乙酸乙酯、甲苯、石油醚、氯化钠、无水乙醇、间氯过氧苯甲酸、2-[(1-甲基-1,2,3,4-四氮杂环戊熳-5-基)硫基]-1-苯基乙-1-酮。

四、实验步骤

1. 2-[(1-甲基-1,2,3,4-四氮杂环戊熳-5-基)亚磺酰基]-1-苯乙酮的合成

向 100 mL 圆底烧瓶中装入 2-[(1-甲基-1,2,3,4-四氮杂环戊熳-5-基)硫基]-1-苯基乙-1-酮（4.09 g，17.46 mmol），在冰水浴的条件下，向其中加入 15 mL 二氯甲烷。然后，将间氯过氧苯甲酸（4.02 g，17.46 mmol，75%）溶解在 30 mL 二氯甲烷中。将含有间氯过氧苯甲酸的二氯甲烷溶液逐滴加入含有 2-[(1-甲基-1,2,3,4-四氮杂环戊熳-5-基)硫基]-1-苯基乙-1-酮的溶液中。将反应混合物在冰水浴中搅拌 30 min，然后在室温下搅拌 4 h。将粗产物转入分液漏斗中，用饱和碳酸氢钠溶液（3×15 mL）洗涤液体 3 次。合并萃取液，用无水硫酸钠干燥。减压除去溶剂，用石油醚和乙酸乙酯重结晶，称重，计算产率。

2. 硝酮的合成

准备搅拌回流装置，在 100 mL 的圆底烧瓶中依次加入 10 mL 无水乙醇、苯甲醛（0.95 mL，9.5 mmol）、*N*-甲基羟胺盐酸盐（1.8 g，20.7 mmol）和碳酸氢钠（1.1 g，13.2 mmol），在搅拌状态下通冷凝水保持回流，时间约为 18 h。反应结束后改为蒸馏装置，蒸出大部分溶剂，将粗产物倒入规格为 125 mL 的分液漏斗中，加入适量的水混匀，每次用 10 mL 二氯甲烷萃取 3 次，合并有机相。有机相中加入 10 mL 饱和氯化钠溶液洗涤 2～3 次，之后在有机相中加入适量的无水硫酸钠干燥。过滤后，蒸馏除去有机相，用乙醚对粗产物进行重结晶，得到淡黄色方块状晶体。称重，计算产率。

3. β-磺内酰胺产物合成

在 50 mL 的圆底烧瓶中依次加入 2-[(1-甲基-1,2,3,4-四氮杂环戊熳-5-基)亚磺酰基]-1-苯乙酮（6 mmol，1.50 g）、硝酮（9 mmol，1.22 g）和 1 mL 甲苯。将反应混合物放置在恒温磁力搅拌器中，保持反应温度为 80 ℃，时间为 4 h。反应结束后通过柱色谱法分离得到白色固体产物，称重，计算产率。

五、问题讨论

1. 生成硝酮的反应中加入碳酸氢钠的目的是什么？能不能用氢氧化钠代替？
2. 根据 *β*-磺内酰胺的制备过程，生成硝酮和 *β*-磺内酰胺产物的反应机理是什么？
3. 生成 *β*-磺内酰胺的反应体系中可以加入少量的有机碱催化，适宜用何种碱？
4. 对实验改进有哪些设想和建议？

六、知识链接

β-内酰胺类抗生素的滥用产生了严重的耐药性问题，为了解决 *β*-内酰胺类抗生素的耐药性问题，可以选择与其结构类似的 *β*-磺内酰胺化合物。例如，依替米贝化合物的本质是 *β*-内酰胺，它是胆固醇从肠道吸收的抑制剂，因此被用于治疗高脂血症和血脂异常。新制备的 *β*-磺内酰胺有望对同一靶标具有增强的活性作用。此外，这些类似物在治疗和预防动脉粥样硬化方面很有用，因为它们可以降低血脂。雷帕霉素的 *β*-磺内酰胺类似物不仅可以抑制 T 细胞增殖，还可以用作丝氨酸、苏氨酸特异的蛋白质激酶。这类化合物

还可以直接或间接抑制肿瘤生长，发挥抗癌作用。

七、参考文献

1. 马文哲，宋伟，魏婉清，等．基于量子力学分析 β-内酰胺合成酶合成吡拉西坦中间体的机制［J］．化工学报，2024，75（12）：4712-4722.

2. 郭宗儒．超广谱 β-内酰胺酶抑制剂杜洛巴坦的研制［J］．药学学报，2024，（9）：1-6.

3. 许薇．三氟甲基取代 β-磺内酰胺的制备及其立体选择性研究［D］．北京：北京化工大学，2018.

实验四

β-羰基烯胺酮的制备

一、实验目的

1. 巩固称量、薄层色谱法、柱色谱法等基本操作。
2. 了解和学习 β-羰基烯胺酮的合成方法。

二、实验原理

β-羰基烯胺酮在有机合成中的应用非常广泛，它是合成一系列具有生物活性、药理活性的杂环化合物的重要中间体，因此在染料、医药、农药等工业领域有着重要的用途。

本实验首先将对甲基苯甲醛与盐酸羟胺反应合成对甲基苯甲醛肟。其次，通过烯亚砜前体与对甲基苯甲醛肟反应生成 β-羰基烯胺酮。

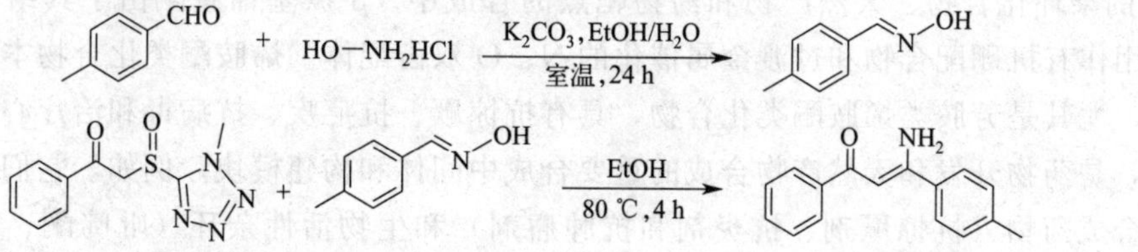

(1)

(2)

三、实验仪器与药品

1. 仪器

圆底烧瓶、循环水真空泵、旋转蒸发器、恒温磁力搅拌器、电子天平。

2. 药品

无水碳酸钾、乙醇、对甲基苯甲醛、盐酸羟胺、2-[(1-甲基-1,2,3,4-四氮杂环戊熳-5-基)硫基]-1-苯基乙-1-酮、乙酸乙酯、石油醚。

四、实验步骤

1. 对甲基苯甲醛肟的合成

向 100 mL 圆底烧瓶中依次加入磁力搅拌子、1.67 mL 对甲基苯甲醛和 20 mL 乙醇，搅拌，待对甲基苯甲醛完全溶解于乙醇后，向其中加入 3.97 g 无水碳酸钾和 1.97 g 盐酸羟胺，最后加入 20 mL 水，盖上空心玻璃塞，室温下搅拌 24 h。在反应期间，溶液由乳白色悬浊液逐渐变澄清。反应过程中，用薄层色谱法监测反应进程。反应结束后，向反应液中加入 40 mL 乙酸乙酯，萃取三次，通过旋转蒸发器浓缩得到粗产品。最后，将得到的粗产品用石油醚和乙酸乙酯重结晶，最终会有白色固体析出，通过减压抽滤得到对甲基苯甲醛肟，称量，计算产率。

2. β-羰基烯胺酮的制备

称取 0.10 g 2-[(1-甲基-1,2,3,4-四氮杂环戊熳-5-基)硫基]-1-苯基乙-1-酮和 0.044 g 对甲基苯甲醛肟于 50 mL 圆底烧瓶中，再加入 0.5 mL 无水乙醇、磁力搅拌子，之后塞上空心玻璃塞。在 80 ℃下反应 4 h。在反应过程中，反应体系的颜色变为红棕色。反应结束后，冷却至室温，通过薄层色谱法进行检测。最后通过柱色谱法得到 *β*-羰基烯胺酮，称量，计算产率。

五、问题讨论

1. 在合成对甲基苯甲醛肟和 *β*-羰基烯胺酮时，选用了水或乙醇作为溶剂，是否可以选用其他溶剂？例如，二氧六环、二氯乙烷、甲苯。

2. 试写出由对甲基苯甲醛肟合成 *β*-羰基烯胺酮的反应机理。

六、知识链接

β-羰基烯胺酮在有机合成领域中具有非常重要的应用，这类化合物普遍存在于含 N 和 O 的杂环化合物、天然产物和药物靶点的合成中。*β*-羰基烯胺酮由于其结构特点，也可被用作有机硼配合物和过渡金属催化的 N、O 双齿配体。烯胺酮类化合物本身具有药理活性，尤其是芳胺类烯胺酮类化合物，具有抗惊厥、抗疟疾、抗病毒和治疗心血管疾病的作用，是药物开发和天然产物合成的重要合成中间体和构建模块。例如，它们已经成功地用于合成药物（抗惊厥剂、抗炎剂和抗肿瘤剂）和生物活性杂环（吡啶酮、喹诺酮、吡咯、异噁唑、吲哚和多氮杂环）。此外，它们还广泛应用于有机化学领域的官能团转化，包括 *β*-烷氧基乙烯基酮烯胺化、1,2-芳基迁移、1,3-二碳烯胺化、脱氢、锂化烯胺酰化和声化学 Blaise 反应。在配位化学中，一些 *β*-烯胺酮可用作主族和过渡金属的良好螯合配体。

七、参考文献

1. Kumar P, Kapur M. Catalyst control in positional-selective C—H alkenylation of isoxazoles and ruthenium-mediated assembly of trisubstituted pyrroles [J]. Org. Lett., 2019, 21: 2134-2138.

2. Edafiogho I O, Hinko C N, Chang H, et al. Synthesis and anticonvulsant activity of enaminones [J]. J. Med. Chem., 1992, 35: 2798-2805.

3. Dannhardt G, Bauer A, Nowe U. Synthesis and pharmacological activity of enaminones which inhibit both bovine cyclooxygenase and 5-lipoxygenase [J]. J Prakt Chem, 1998, 340: 256-263.

4. Boger D L, Ishizaki T, Wysocki J R J, et al. Total synthesis and evaluation of (f)-*N*-(tertbutyloxycarbonyl)-CBI, (f)-CBI-CDPI, and (f)-CBI-CDP12: CC-1065 functional agents incorpo rating the equivalent 1,2,9,9a-tetrahydrocycloprop [1,2-*c*] benz [1,2-*e*] Indol-4-one (CBI) left-hand subunit [J]. J. Am. Chem. Soc., 1989, 111: 6461-6463.

5. Alberola A, Calvo L A, Ortega A G, et al. Synthesis of 2 (1*H*)-pyridinones from *β*-aminoenones and malononitrile reaction mechanism [J]. J. Org. Chem., 1999, 64: 9493-9498.

6. Bonacorso H G, Lourega R V, Wastowski A D, et al. *β*-alkoxyvinyl trichloromethyl ket ones as *N*-

heterocyclic acylating agent. A new access to 5*H*-thiazolo [3, 2-*a*] pyrimidin-5-ones [J]. Tetrahedron Lett., 2002, 43: 9315-9318.

7. Jiang N, Qu Z, Wang J. 1,2-Aryl and 1,2-hydride migration in transition metal complex catalyzed diazo decomposition: A novel approach to α-aryl-β-enamino esters [J]. Org. Lett., 2001, 3: 2989-2992.

8. Rechsteiner B, Texier-Boullet F, Hamelin J. Synthesis in dry media coupled with microwave irradiation: Application to the preparation of enaminoketones [J]. Tetrahedron Lett, 1993, 34: 5071-5074.

9. Fustero S, Pina B, Torre M G, et al. First highly diastereoselective synthesis of synamethyl β-fluoroalkyl β-amino esters [J]. Org. Lett., 1999, 1: 977-980.

10. Bartoli G, Cimarelli C, Dalpozzo R, et al. A versatile route to β-enamino esters by acylation of lithium enamines with diethyl carbonate or benzyl chloroformate [J]. Tetrahedron Lett., 1995, 51: 8613-8622.

11. Lee A S Y, Cheng R Y, Pan O G. A simple and highly efficient synthesis of β-amino-α,β-unsaturated ester via sonochemical blaise reaction [J]. Tetrahedron Lett., 1997, 38: 443-446.

12. Xu X, Du P, Cheng D, et al. Highly stereoselective synthesis of cis-β-enaminones mediated by diethyl azodicarboxylate [J]. Chem. Commun., 2012, 48: 1811-1813.

实验五

苯佐卡因制备实验的改进研究

一、实验目的

1. 掌握一种苯佐卡因的合成方法。

2. 了解和学习低共熔溶剂的性质，深化对酯化反应机理的认识，拓宽对酯化反应催化剂的探索视野。

3. 了解和学习含硼化合物的还原特性，深化对硼元素的认识。

4. 巩固回流、抽滤等基本操作。

二、实验原理

“苯佐卡因的制备”是一个经典的有机化学综合性本科教学实验。在原先的反应过程中，酯化反应产生大量废酸，还原反应步骤烦琐，总体反应时间长。为了加强实验过程的绿色环保性，提升实验的拓展性与探究性，本实验通过引入前沿科学成果对该反应进行了改进。改进后的实验，在酯化反应步骤使用低共熔溶剂进行催化，可循环使用，绿色环保。在还原反应步骤中，则是使用连二硼酸作为还原剂、4,4′-联吡啶作为催化剂，在室温下即可反应，反应温和，颜色变化明显。

1. 酯化反应

低共熔溶剂提供质子活化对硝基苯甲酸中的羧羰基，使得羰基碳带有更多的正电性，醇就容易发生对羰基的亲核进攻，碳氧之间的π键打开形成一个四面体的中间体，然后发生质子转移，脱水后再消除质子得到对硝基苯甲酸乙酯。

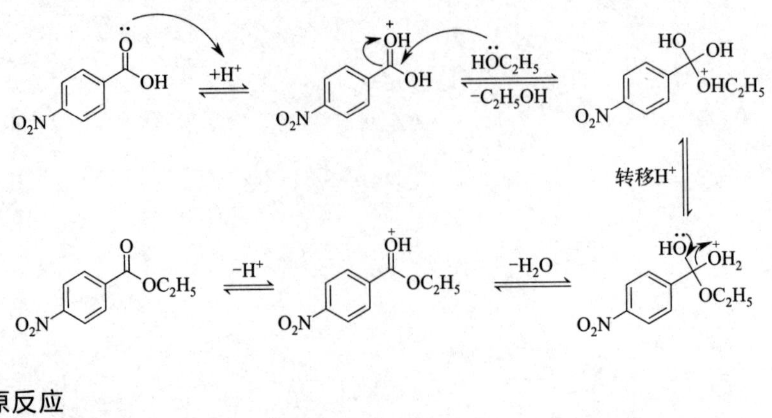

2. 还原反应

首先，连二硼酸和4,4′-联吡啶原位生成中间体**A**，该中间体与对硝基苯甲酸乙酯反应，可以将其还原为对亚硝基苯甲酸乙酯**B**，同时生成4,4′-联吡啶继续催化反应。而生成的对亚硝基苯甲酸乙酯**B**可以继续与连二硼酸反应得到中间体**C**，随后，中间体**C**可以发生消除反应得到关键的乃春活性中间体 **D**，并通过攫取连二硼酸中的氢得到最终的还原产物对氨基苯甲酸乙酯。

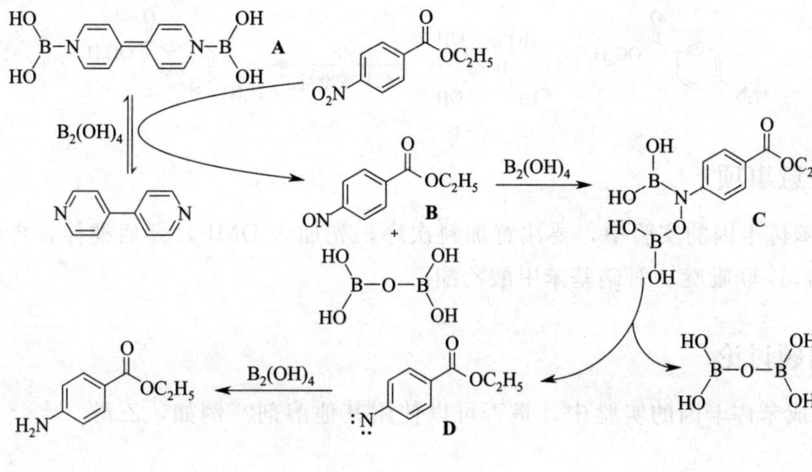

三、实验仪器与药品

1. 仪器

圆底烧瓶、电热恒温鼓风干燥箱、三口烧瓶、循环水真空泵、研钵、天平、分液漏斗、磁力搅拌器。

2. 药品

无水乙醇、对硝基苯甲酸、一水合对甲苯磺酸、连二硼酸、4,4′-联吡啶、*N*,*N*-二甲基甲酰胺（DMF）、氯化胆碱、乙酸乙酯、无水硫酸钠、碳酸钠。

四、实验步骤

1. 对硝基苯甲酸乙酯的制备

向 100 mL 圆底烧瓶中依次加入 14.0 g 氯化胆碱和 19.0 g 一水合对甲苯磺酸，80 ℃加热搅拌反应 0.5 h。反应结束后，将所得混合物缓慢冷却至室温，真空干燥，便可得无色透明的低共熔溶剂氯化胆碱-对甲苯磺酸。之后，将 3.3 g 对硝基苯甲酸、6.2 mL 无水乙醇和 1.6 g 低共熔溶剂氯化胆碱-对甲苯磺酸置于 100 mL 的三口烧瓶中，加热回流反应 2 h。反应结束后，稍冷，将反应液倒入 100 mL 去离子水中，搅拌 10 min，抽滤；滤渣倒入研钵中研细；将研磨后的滤渣倒入 200 mL 5%的 Na_2CO_3 溶液中搅拌 10 min，抽滤，真空干燥，称重，计算产率。

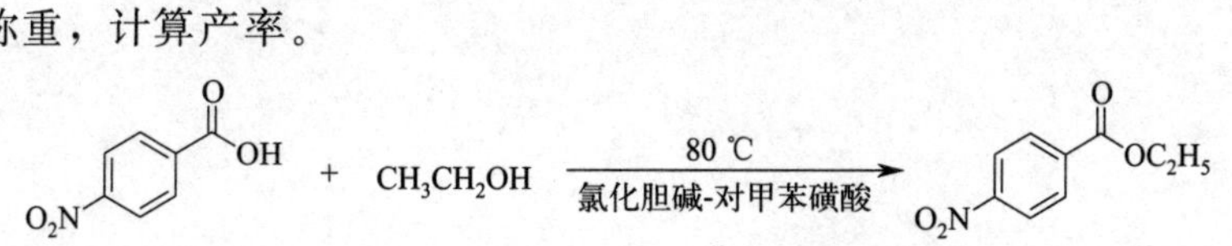

2. 苯佐卡因的合成

向 50 mL 烧瓶中加入磁力搅拌子和 20 mL DMF，再依次加入 0.832 g 连二硼酸、0.003 g 4,4′-联吡啶、0.586 g 对硝基苯甲酸乙酯，室温搅拌 3 min 后，倒入 50 mL 乙酸乙酯，再转移至 250 mL 分液漏斗中，用 50 mL 水洗涤，重复 3 次，分离有机相，用无水 Na_2SO_4 干燥，减压蒸馏得到固体，称重，计算产率。

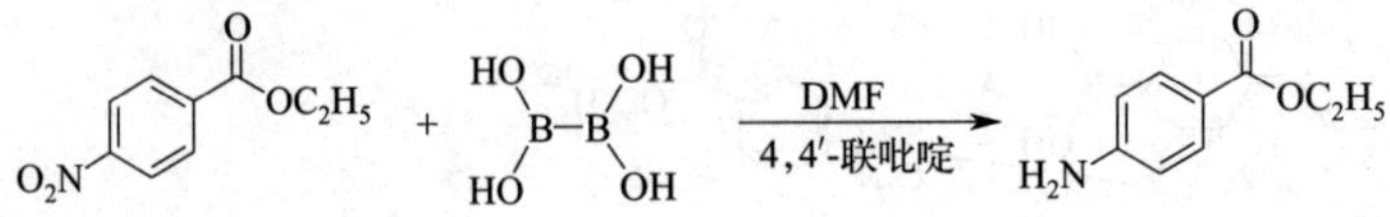

五、注意事项

在合成苯佐卡因的实验中，要注意加料次序，先加入 DMF，开启搅拌，再依次加入连二硼酸、4,4′-联吡啶、对硝基苯甲酸乙酯。

六、问题讨论

1. 在合成苯佐卡因的实验中，是否可以使用其他溶剂？例如，乙醇、水、二甲基亚砜、乙腈。

2. 试讨论连二硼酸量对苯佐卡因产率的影响。

3. 试讨论苯佐卡因的制备改进前后酯化反应和还原反应的优缺点。

七、知识链接

苯佐卡因是一种脂溶性表面麻醉剂，与其他几种局麻药如利多卡因、丁卡因等相比，其作用强度较小，因而在作用于黏膜时不会因麻醉作用而使人感到不适。它是一种脂溶性较强的药物，故而易与黏膜或皮肤的脂层结合，但不易透过而进入人体内产生毒性。

苯佐卡因可作为奥索仿、奥索卡因、普鲁卡因等的前体原料；同时，它在医药上又用作局部麻醉剂，有止痛、止痒作用，主要用于创面、溃疡面、黏膜表面和痔疮麻醉止痛和止痒，其软膏可用于鼻咽导管、内窦窥镜等的润滑止痛。暂时缓解疼痛和瘙痒皮肤的不适，还可用于轻度烧伤、晒伤、创伤和昆虫叮咬。

八、参考文献

1. 姜新东，肖林久，李志义，等. 基于新工科理念的应用化学专业创新创业能力培养体系建设[J]. 大学化学，2020，35 (10)：104.

2. 霍冀川. 化学综合设计实验 [M]. 北京：化学工业出版社，2008：87-89.

3. 孙尔康，张剑荣. 有机化学实验 [M]. 南京：南京大学出版社，2018：162-167.

4. 杨占会，许家喜. 有机化学课程中的绿色发展理念 [J]. 大学化学，2020，35 (7)：99.

实验六

对氨基苯磺酰胺的制备

一、实验目的

1. 学习对氨基苯磺酰胺的制备方法，掌握苯环上的磺化反应、酰氯的氨解和乙酰氨基衍生物的水解反应。

2. 巩固回流、脱色、重结晶及抽滤等基本操作。

二、实验原理

对氨基苯磺酰胺是一种最简单的磺胺药。它是以乙酰苯胺为原料，通过氯磺化和氨解，最后在酸性介质中水解除去乙酰基而制得。乙酰苯胺的氯磺化需要用过量的氯磺酸（1 mol 乙酰苯胺至少用 2 mol 氯磺酸），否则会有磺酸生成。过量氯磺酸的作用是将磺酸转变为磺酰氯。

反应式：

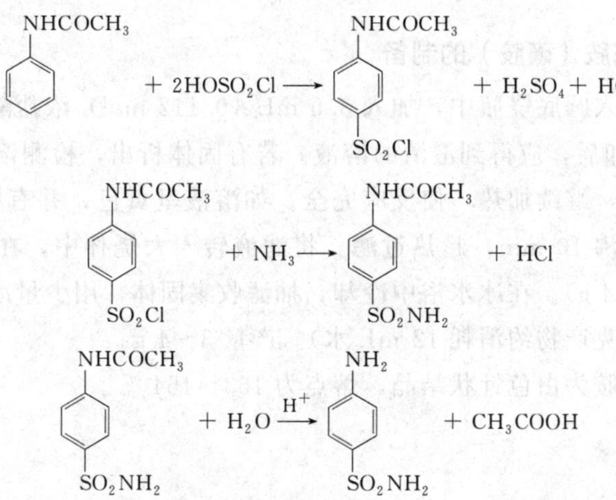

三、实验仪器与药品

1. 仪器

四口圆底烧瓶、三口烧瓶、圆底烧瓶、机械搅拌器、球形冷凝管、气体收集装置、烧杯、直形冷凝管、尾接管、干燥箱。

2. 药品

乙酰苯胺、氯磺酸、无水氯化钙、浓氨水、浓盐酸、氢氧化钠、无水碳酸钠、活性炭。

四、实验步骤

1. 对乙酰氨基苯磺酰氯的制备

在干燥的 100 mL 三口烧瓶中，加入 5 g（0.037 mol）干燥的乙酰苯胺，用小火加热熔化，瓶壁上若有少量水汽凝结，应用干净的滤纸吸去。边冷却边转动烧瓶使熔化物在瓶壁上凝结成薄层，将烧瓶置于冰水浴中充分冷却后，接上氯化氢吸收装置，迅速加入 13 mL（0.192 mol）氯磺酸。反应迅速发生，若反应过于剧烈，可用冰水浴冷却。但如果不反应，可将烧瓶温热。待反应缓和后，轻轻摇动烧瓶使固体全溶，然后再在温水浴中加热 10 ～ 15 min 使反应完全，直至无氯化氢气体产生。将反应烧瓶在冷水中充分冷却后，于通风橱中在强烈搅拌下，将反应液以细流慢慢倒入盛有 75 g 碎冰的烧杯中，用少量冷水洗涤反应烧瓶，洗涤液倒入烧杯中。搅拌数分钟，并尽量将大块固体粉碎，使之成为颗粒小且均匀的白色固体。减压抽滤，收集固体，用少量冷水洗涤，压干，立即进行下一步反应。

2. 对乙酰氨基苯磺酰胺的制备

将上述粗产物移入四口圆底烧瓶中，装配好吸收装置，在不断搅拌中慢慢加入 18 mL（0.457 mol）浓氨水，立即发生放热反应并产生白色糊状物。加完后，继续搅拌 15 min，使反应完全。然后加入 10 mL 水，用小火加热 10～15 min，并不断搅拌，以除去多余的氨，得到的混合物可直接用于下一步合成。

3. 对氨基苯磺酰胺（磺胺）的制备

将上述反应物放入圆底烧瓶中，加入 3.5 mL（0.112 mol）浓盐酸和几粒沸石，小火加热回流 0.5 h。冷却后，应得到澄清的溶液。若有固体析出，检测溶液的酸碱性，不呈酸性时酌情外加盐酸，继续加热，使反应完全。如溶液呈黄色，并有极少量固体存在时，需加入少量活性炭煮沸 10 min，趁热过滤。将滤液转入大烧杯中，在搅拌下小心加入粉状碳酸钠至碱性（约 4 g）。在冰水浴中冷却，抽滤收集固体，用少量冰水洗涤，压干。粗产物用水重结晶（每克产物约消耗 12 mL 水）。产量 3～4 g。

纯对氨基苯磺酰胺为白色针状结晶，熔点为 163～164 ℃。

本实验需 4～6 h。

五、注意事项

1. 氯磺酸有强烈的腐蚀性，遇空气会冒出大量氯化氢气体，遇水会发生猛烈的放热反应，甚至爆炸，故取用时必须特别注意不能碰到皮肤和水。反应中所用仪器及药品皆需十分干燥。含氯磺酸的废液也不能倒入水槽。

2. 氯磺酸与乙酰苯胺的反应非常剧烈，将乙酰苯胺凝结成块状，可使反应缓和进行，当反应过于激烈时，应适当冷却。

3. 在氯磺化的过程中，将有大量氯化氢气体放出。为避免污染室内空气，装置应严密，导气管的末端要与接收器内的水面接近，但不能插入水中，否则可能倒吸而引起严重事故！

4. 加入速度必须缓慢，且必须充分搅拌，以免局部过热而使对乙酰氨基苯磺酰胺水解，这是实验成功的关键。

5. 尽量洗去固体所夹杂和吸附的盐酸，否则产物在酸性介质中放置过久，会很快水解，因此在洗涤后，应尽量压干，且在 1 ～ 2 h 内将它转变为磺胺类化合物。

6. 为了节省时间，这一步的粗产物可不必分出。若要得到产品，可在冰水浴中冷却，抽滤，用冰水洗涤，干燥即可。粗品用水重结晶，纯品熔点为 219 ～ 220 ℃。

7. 对乙酰氨基苯磺酰胺在稀酸中水解成磺胺，后者又与过量的盐酸形成水溶性的盐酸盐，所以水解完成后，反应液冷却时应无晶体析出。由于水解前溶液中氨的含量不同，加 3.5 mL 盐酸有时不够，因此，在回流至固体全部消失前，应测一下溶液的酸碱性，若酸性不够，应补加盐酸回流一段时间。

8. 用碳酸钠中和滤液中的盐酸时，有二氧化碳产生，故应控制加热速度并不断搅拌使其逸出。磺胺是两性化合物，在过量的碱溶液中易变成盐类而溶解。故中和操作必须仔细进行，以免降低产量。

六、问题讨论

1. 为什么在氯磺化反应完成以后处理反应混合物时，必须移到通风橱中，且在充分搅拌下缓慢倒入碎冰中？若在未倒完前冰就化完了，是否应补加冰块？为什么？

2. 为什么苯胺要乙酰化后再氯磺化？直接氯磺化行吗？

3. 为什么对氨基苯磺酰胺可溶于过量的碱液中？

4. 在合成对乙酰氨基苯磺酰氯时，试从结构-性质的角度解释下面的操作：将乙酰苯胺熔成团后再加入氯磺酸进行反应。①在合成对乙酰氨基苯磺酰胺时，为什么可以让对乙酰氨基苯磺酰氯与浓氨水反应，而不需要用纯氨（氨气或是液氨）？②将反应液倒入盛有碎冰的烧杯中使对乙酰氨基苯磺酰氯析出。

七、知识链接

对氨基苯磺酰胺，又称磺胺，分子式为 $C_6H_8N_2O_2S$，是一种具有药用价值的有机化合物。它作为一种重要的医药及中间体常用于医药工业，是合成磺胺类药物的主要原料。除用来制取结晶磺胺供外用消炎外，还可以合成其他磺胺类药物，如磺胺胍、磺胺甲氧嗪、磺胺甲基嘧啶等。近年来还拓展为分析试剂的应用，如用于亚硝酸盐的测定、硝普钠的试剂，主要用于生化研究、有机合成及制药工业。

八、参考文献

1. 张天永，邓永峰，李彬，等 . 4-氨基苯磺酰胺的合成工艺改进［J］. 化学工业与工程，2016，33（4）：18-22.

2. 杨龙，晏菊芳，范莉，等 . 含有对氨基苯甲酸和苯磺酰胺结构单元的新型分子及其抗糖尿病活性［J］. 有机化学，2012，32（10）：1908-1918.

3. 邓永峰 . 对氨基苯磺酰胺的制备研究［D］. 天津：天津大学，2015.

实验七

三苯胺的 Vilsmeier-Haack 甲酰化反应

一、实验目的

1. 了解 Vilsmeier-Haack 甲酰化反应机理。
2. 掌握三苯胺进行 Vilsmeier-Haack 甲酰化的操作及注意要点。
3. 掌握醛的定性鉴别方法和用薄层色谱法监测反应过程。
4. 了解三苯胺在有机功能材料中的应用。

二、实验原理

三苯胺（triphenylamine，TPA），具有螺旋桨结构的三苯胺单元不仅是优良的电子供体，而且还易于对其进行结构修饰。由于结构的多样性，它被广泛用于设计、合成有机荧光材料和光电功能有机配体。

Vilsmeier-Haack 反应是用 *N*-取代甲酰胺作酰化剂（常用 *N*,*N*-二甲基甲酰胺，*N*,*N*-dimethylformamide，DMF）和 $POCl_3$ 为催化剂，制备 Vilsmeier-Haack 甲酰化试剂，具体的反应机理可描述为：

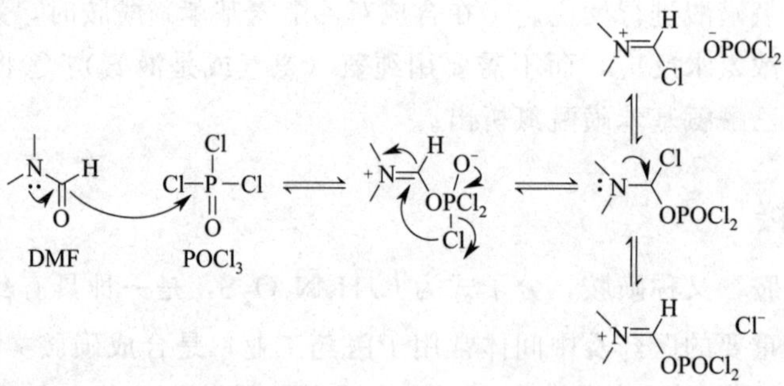

因三苯胺具有明显的给电子效应，容易发生芳环的亲电取代反应，如 Vilsmeier-Haack 甲酰化反应可很简单地实现苯环上醛基的引入，可进一步修饰拓展共轭体系。本实验首先利用 DMF 和 $POCl_3$ 制备 Vilsmeier-Haack 甲酰化试剂，后与三苯胺反应，通过控制反应温度和试剂用量选择性地获得不同醛基取代的产物。

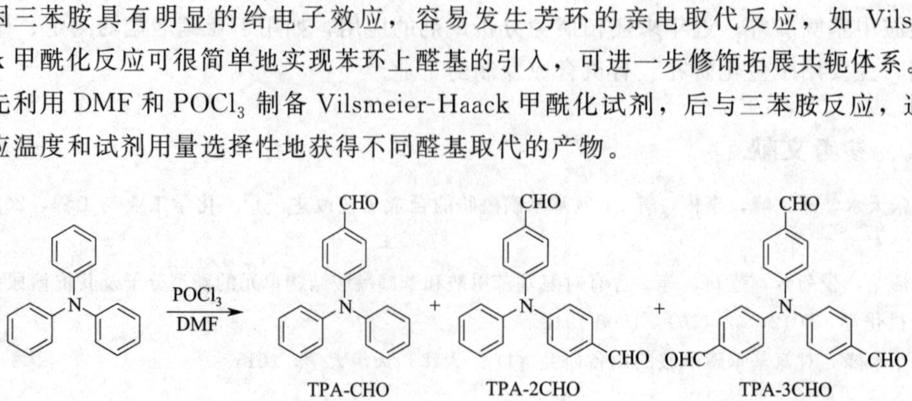

三、实验仪器与药品

1. 仪器

磁力搅拌器、三口烧瓶、球形冷凝管、恒压滴液漏斗、循环水真空泵、暗箱式紫外分析仪、电子分析天平、恒温鼓风干燥箱、数显恒温油浴锅。

2. 药品

N,*N*-二甲基甲酰胺（DMF）、三氯氧磷、三苯胺、氯仿、氢氧化钠。

四、实验步骤

1. Vilsmeier-Haack 甲酰化试剂的制备

准备干燥的 25 mL 三口烧瓶、球形冷凝管和恒压滴液漏斗。量取 0.8 mL（10 mmol）无水 DMF 倒入三口烧瓶，将反应体系置于冰水浴中。量取 0.9 mL（10 mmol）$POCl_3$ 加入恒压滴液漏斗，开动搅拌器，缓慢匀速滴加 $POCl_3$ 约 1 h，反应溶液逐渐变色。

2. 不同数量醛基取代的 Vilsmeier-Haack 甲酰化反应

TPA-CHO：用少量无水氯仿和无水 DMF 溶解（体积比为 1∶1，约 2 mL）三苯胺（2.00 g，8 mmol），将该反应混合液室温搅拌 5 h。该反应采用薄层色谱法监测过程，反应结束后将反应混合液倒入盛有 200 mL 冰水的烧杯中，并用 10% NaOH 溶液中和至 pH 值为 7～8。冷却至室温后减压抽滤，将所得固体真空干燥。

TPA-2CHO：用少量无水氯仿和无水 DMF 溶解（体积比为 1∶1，约 2 mL）三苯胺（1.00 g，4 mmol），将该反应混合液加热至 80 ℃，搅拌 5 h。该反应采用薄层色谱法监测过程，反应结束后将反应混合液倒入盛有 200 mL 冰水的烧杯中，并用 10% NaOH 溶液中和至 pH 值为 7～8。冷却至室温后减压抽滤，将所得固体真空干燥。

TPA-3CHO：用少量无水氯仿和无水 DMF 溶解（体积比为 1∶1，约 2 mL）三苯胺（0.25 g，1 mmol），将该反应混合液加热至 110 ℃，搅拌 5 h。该反应采用薄层色谱法监测过程，反应结束后将反应混合液倒入盛有 200 mL 冰水的烧杯中，并用 10% NaOH 溶液中和至 pH 值为 7～8。冷却至室温后减压抽滤，将所得固体真空干燥。

五、问题讨论

1. 反应仪器和溶剂为何需要干燥？体系中有水参与是否会影响产率？
2. 如何采用薄层色谱法定性检测不同醛基产物？
3. 为何需要控制 Vilsmeier-Haack 甲酰化试剂用量和反应温度实现不同醛基产物的生成？
4. 三苯胺进行 Vilsmeier-Haack 甲酰化引入醛基的过程本质上是什么反应类型？
5. 对实验改进有哪些设想和建议？

六、知识链接

三苯胺及其衍生物具有较好的给电子性质、较低的离子化电位、结构的易修饰性和较强的荧光性能以及聚集诱导荧光性等优点，被广泛应用于有机光电材料、有机太阳能电池等领域。

七、参考文献

1. 何晴媛，杨晓娜，吕瑞翠，等.$(COCl)_2$/DMF 原位制备 Vilsmeier-Haack 试剂催化酮肟的 Beckmann 重排 [J]. 广州化工，2019，47 (21)：51-53.

2. 陆辉扬，胡永旭，赵光伟，等.4-甲酰基三苯胺合成方法综述 [J]. 山东化工，2015，44 (16)：53-56.

3. Meng G，Sha Y W，Zhang R，et al. Mild synthesis of *N′*-aryl-*N*,*N*-dimethylformamidinium chloride by Vilsmeier-Haack reagent [J]. Chinese Chemical Letters，2011，22 (9)：1043-1046.

实验八

烯基叠氮的胺-氧化合成 α-酮酰胺

一、实验目的

1. 了解烯基叠氮的结构。
2. 掌握 α-酮酰胺的合成方法和原理。
3. 巩固称量、萃取、减压蒸馏和薄层色谱法等基本操作。

二、实验原理

烯基叠氮作为一种特殊的官能化烯烃，自 1910 年被制备以来，广泛应用于含重要有机分子的构建，尤其是含氮杂环化合物。α-酮酰胺是许多合成药物、功能蛋白质以及许多天然药物的核心结构。α-酮酰胺在有机合成实验中是非常有价值的中间体，具有活泼的生物活性。传统的 α-酮酰胺合成方法有胺的双羰基化、α-酮酸的胺化、氧化分子前体等，但是这些传统方法存在一些缺陷：使用的试剂具有一定的毒性，反应条件复杂，合成步骤烦琐，产率不理想等。

本实验拓展了烯基叠氮的反应模式并提供了一种合成 α-酮酰胺的新方法，一价铜作用下胺氧化 α-取代烯基叠氮构筑碳-碳、碳-氧键用于一锅法合成 α-酮酰胺。利用廉价的铜盐作为催化剂，试剂安全易得，简化了实验步骤，使反应条件更加温和并提高了 α-酮酰胺的产率。

三、实验仪器与药品

1. 仪器

电磁搅拌器、圆底烧瓶、移液器、油浴锅、电子天平、旋转蒸发器。

2. 药品

苯乙炔、苯甲酸、二甲基亚砜、叠氮基三甲基硅烷、碳酸银、二氯甲烷、碘化亚铜、次氯酸叔丁酯、*N*,*N*-二甲基甲酰胺（DMF）。

四、实验步骤

1. 苯乙烯基叠氮的制备

向 50 mL 圆底烧瓶中加入磁力搅拌子，然后依次加入 0.550 mL 苯乙炔、8 mL 二甲基亚砜、0.2 mL 水、0.1314 mL 叠氮基三甲基硅烷和 0.1379 g 碳酸银。之后，将其置于 80 ℃油浴锅中反应约 1 h。利用薄层色谱法监测反应过程。反应完全后利用二氯甲烷和水进行萃取，萃取 3 次。合并有机相，通过旋转蒸发器进行浓缩。最后，通过柱色谱法得到烯基叠氮。称量，计算产率。

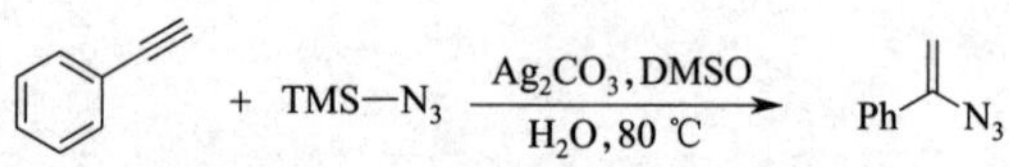

2. 苯乙烯基叠氮的胺-氧化反应

向圆底烧瓶中依次加入0.5 mol的苯乙烯基叠氮、0.25 mol的碘化亚铜、1.0 mol的次氯酸叔丁酯、1.0 mol苯甲酸、10 mL *N*,*N*-二甲基甲酰胺，在氧气的氛围中，100 ℃条件下反应10 h。反应完全后利用二氯甲烷和水进行萃取，萃取3次。合并有机相，通过旋转蒸发器进行浓缩。最后，通过柱色谱法得到α-酮酰胺。称量，计算产率。

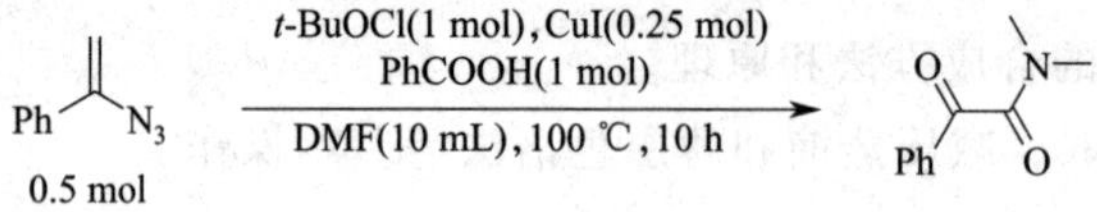

五、注意事项

1. 移取液体时最好使用移液器。
2. 次氯酸叔丁酯是具有刺激性的浅黄色液体，使用时需要在通风橱中移取。

六、问题讨论

1. 通过柱色谱法得到的苯乙烯基叠氮和α-酮酰胺所使用的展开剂的极性分别是多少？
2. 试写出烯基叠氮的胺-氧化反应机理。
3. 如何计算α-酮酰胺的产率？

七、知识链接

烯基叠氮化物（vinyl azide）是既含有烯烃基团又含有叠氮基团的一类化合物。这种烯基叠氮化物的“多面手”特性不仅可以充当氮烯/吖丙因前体，还兼具亲电体、亲核体、自由基受体的反应性。α-取代烯基叠氮更是表现出了独特的化学反应性质。①富电子的烯烃双键表现出类似烯胺的亲核性，与合适的亲电试剂反应可得到中间体。该中间体经Schmidt型重排后生成相应的腈鎓离子，并可被进一步水解得到酰胺。②α-取代的烯基叠氮化物有时也可作为Michael加成反应中的亲核受体，在离去N_2后生成亚胺阴离子。③α-取代的烯基叠氮化物也与自由基发生加成反应，形成α-叠氮自由基中间体，在离去N_2后生成亚胺自由基。

八、参考文献

1. Liu Z H，Liu J Q，Zhang L，et al. Silver（Ⅰ）-catalyzed hydroazidation of ethynyl carbinols：Synthesis of 2-azidoallyl alcohols [J]. Angew. Chem.，Int. Ed.，2014，53：5305-5309.

2. Liu Z H，Liao P Q，Bi X H. General silver-catalyzed hydroazidation of terminal alkynes by combining TMS-N_3 and H_2O：Synthesis of vinyl azides [J]. Org. Lett.，2014，16：3668-3671.

实验九

基于咪唑修饰的三苯胺类化合物的合成

一、实验目的

1. 了解无溶剂条件下的绿色合成方法及应用。
2. 掌握基于咪唑修饰的三苯胺类化合物的合成条件。
3. 巩固实验中涉及的萃取、重结晶等基本操作。

二、实验原理

绿色化学是指减少或消除危险物质的使用和产生的化学，其核心是利用化学原理从源头上减少或消除工业生产对环境的污染。绿色溶剂和无溶剂合成技术是绿色化学发展的关键方向，可以解决传统有机合成技术产生的溶剂对环境的毒害问题。

咪唑是一类生物活性良好的含氮杂环化合物，也是许多天然产物和药物的母体结构，在抗菌、抗癌、抗炎、抗焦虑等多种医学应用中发挥着重要作用；同时，咪唑在有机化学和药物化学等领域具有十分重要的地位。近年来，随着有机功能材料的发展变化，含咪唑类有机配体又被广泛应用于有机发光材料和超分子自组装研究。基于咪唑修饰的三苯胺类化合物的合成如图 1 所示。

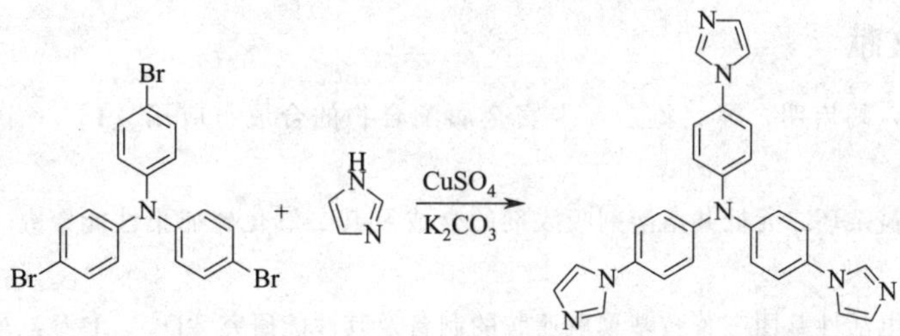

图 1 基于咪唑修饰的三苯胺类化合物的合成示意图

三、实验仪器与药品

1. 仪器

三口烧瓶、圆底烧瓶、球形冷凝管、分液漏斗、烧杯、数显恒温油浴锅、电子天平。

2. 药品

三(4-溴苯基)胺、咪唑、碳酸钾、硫酸铜、二氯甲烷。

四、实验步骤

在 100 mL 干燥的三口烧瓶中，依次加入咪唑（12.1 mmol，0.83 g）、三(4-溴苯基)

胺(1.13 mmol，0.54 g)、碳酸钾（12.1 mmol，1.68 g）和硫酸铜（0.46 mmol，0.096 g)，保持反应在160 ℃下反应48 h，反应结束后冷却至室温，然后将固体混合物依次用热水、二氯甲烷进行多次洗涤，合并有机相，将粗产物进行重结晶得到目标产物。称量，计算产率。

五、问题讨论

1. 该反应虽然为无溶剂条件的固相反应，但仍要保持固体之间有最大化的接触，以保证反应进行，如何实现？

2. 如何利用所学知识实现产物和原料快速分离？

3. 为何要用热水多次洗涤混合体系？

六、知识链接

氮杂环化合物是有机化合物的重要组成部分，与化学、制药、农业、医学等领域息息相关。咪唑化合物广泛存在于自然界中，常作为底物用于有机合成、催化和有机高分子修饰等领域。含咪唑基团的聚酰亚胺薄膜不仅可以降低热膨胀系数，而且可以获得平整度较好的薄膜，从而提高薄膜的热学和力学性能。咪唑还可以构建氮杂环卡宾金属配合物，氮杂环卡宾金属配合物是一种含有孤对电子的高活性中间体，在配位化学和金属有机化学相关领域应用广泛。因为氮杂环卡宾金属配体拥有较强的给电子能力，其空间位阻效应和电子效应能够有效增强金属有机配合物催化剂的稳定性。此外，氮杂环卡宾金属配体还具有独特的配位行为和高反应活性的特点，通过吸附位点结构的设计、耐酸碱性和选择性能力等分子调控，可实现不同功能的氮杂环卡宾金属配体的设计和应用。

七、参考文献

1. 吴彤，韩悦，阚启明，等．氮杂环卡宾金属配合物的合成与应用 [J]．当代化工，2023，52(5)：1154-1158.

2. 李嘉雯．含氮杂环二元低共熔溶剂吸收剂的合成及其二氧化硫捕集性能探究 [D]．镇江：江苏大学，2023.

3. 颜匡国．含电活性基团三苯胺基聚酰亚胺的制备及其性能研究 [D]．上海：东华大学，2022.

4. 朱东建．噻唑和咪唑[1,2-α]吡啶衍生物的绿色合成研究 [D]．温州：温州大学，2009.

实验十

黄酮药物分子的高效合成

一、实验目的

1. 分析系列天然黄酮分子的结构，找出母核，学习逆合成分析法设计合成路线的思维。

2. 为化学合成天然药物提供了切实可行的教学案例，丰富了有机化学实验的教学内容。

3. 巩固称量、薄层色谱法、抽滤等基本操作。

二、实验原理

“中药槐花米中芦丁的提取”是基础有机化学实验中经典的植物提取黄酮药物的实验。分析一系列植物提取的黄酮药物分子结构，可看出它们均由2-苯基色原酮（又称黄酮）分子上衍生而来的。实验中发现黄酮药物的提取率偏低，不能满足目前人们对黄酮药物的需求，因此，尝试用具有高效性的化学方法合成黄酮，并进一步合成其相应的衍生物。

2′-羟基查耳酮合成的反应机理主要分为四个步骤。第一步：碱与2-羟基苯乙酮中的α-氢和羟基氢结合，脱去两分子水，形成一个碳负离子中间体。第二步：这个负离子作为亲核试剂，立即进攻苯甲醛分子中的羰基碳原子，发生加成反应后生成一个烷氧负离子。第三步：烷氧负离子与水作用得到β-羟基酮化合物。第四步：经分子内脱水，再用盐酸酸化，得到最终产物2′-羟基查耳酮。

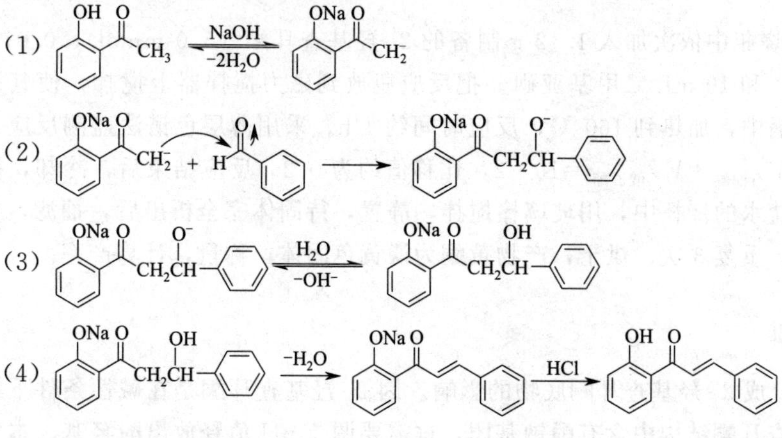

三、实验仪器与药品

1. 仪器

磁力搅拌器、紫外灯、三口烧瓶、圆底烧瓶、恒压滴液漏斗、循环水真空泵、电子天平、油浴锅。

2. 药品

苯甲醛、2-羟基苯乙酮、二甲基亚砜、碘、氢氧化钠、无水乙醇、盐酸、乙酸乙酯、石油醚。

四、实验步骤

1. 2′-羟基查耳酮的制备

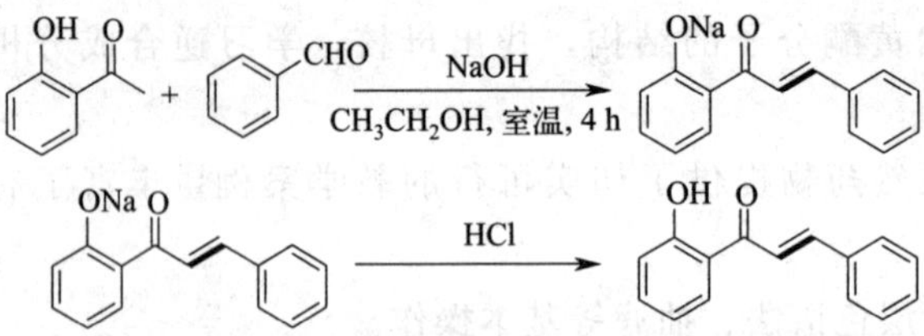

在 100 mL 三口烧瓶中依次加入 1.02 mL 苯甲醛（10 mmol）、1.20 mL 2-羟基苯乙酮（10 mmol）和 30 mL 乙醇，搅拌。将 10 mL 10%的氢氧化钠（25 mmol）溶液加到恒压滴液漏斗中，缓慢滴加到三口烧瓶中，室温下反应 4 h。采用薄层色谱法监测反应，展开剂的极性选择为$V_{石油醚}:V_{乙酸乙酯}=20:1$，比移值约为 0.5。反应结束后，把反应体系倒入盛有冰盐水的烧杯中，搅拌下加入 10%的盐酸溶液，调节 pH 值为 5～6。静置，待固体完全析出后，抽滤，依次用冰水和无水乙醇洗涤，重复 3 次，烘干，产物 2′-羟基查耳酮为黄色固体，称量，计算产率。

2. 黄酮的制备

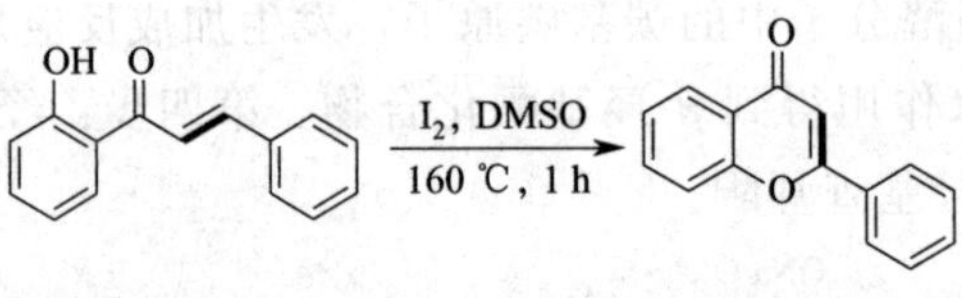

在 50 mL 圆底烧瓶中依次加入 1.12 g 制备的 2′-羟基查耳酮（5.0 mmol）、0.0127 g 碘（约 0.05 mmol）和 10 mL 二甲基亚砜。把反应瓶放到磁力搅拌器上搅拌，使其混合均匀后转移到油浴锅中，加热到 160 ℃，反应时间约 1 h。采用薄层色谱法监测反应，展开剂的极性选择为$V_{石油醚}:V_{乙酸乙酯}=15:2$，比移值约为 0.2。反应结束后，冷却，把反应体系倒入盛有冰盐水的烧杯中，用玻璃棒搅拌，静置，待固体完全析出后，抽滤，依次用水和石油醚洗涤，重复 3 次，烘干，产物黄酮为淡黄色固体，称量，计算产率。

五、注意事项

调节 pH 值对合成 2′-羟基查耳酮底物的影响。因 2′-羟基查耳酮是在碱性条件下羟醛缩合制得的，所以查耳酮结构中含有酚钠基团，这需要调节 pH 值释放出酚羟基。本实验选用盐酸作酸化剂，调节 pH 值到 5～6。pH 值调节得过高，羟基无法完全释放，影响 2′-羟基查耳酮的收率，但 pH 值低于 5 时，2′-羟基查耳酮容易发生分子内环合，直接得到二氢黄酮副产物。由此可见，后处理实验中，pH 值的调节是合成 2′-羟基查耳酮反应成败的关键因素。

六、问题讨论

1. 试写出由 2′-羟基查耳酮合成黄酮的反应机理。

2. 在合成 2′-羟基查耳酮的过程中，除了 pH 值是影响反应成败的关键因素外，还有什么因素会影响产率?

七、知识链接

乙氧黄酮主要适用于治疗慢性冠脉机能不全、心绞痛等病症。长期服用可预防心肌梗死。与硝酸甘油合用，对自觉症状也起到良好的改善效果。为了进一步证明上述合成黄酮药物分子方法的普适性，学生们可自行拓展应用实验。从 2,4-二羟基苯乙酮和苯甲醛出发，只需要三步实验，就可以高效地合成出乙氧黄酮药物的主要活性成分乙氧黄酮。

八、参考文献

1. Bautista J L, Yu S, Tian L. Flavonoids in cannabis sativa: Biosynthesis, bioactivities, and biotechnology [J]. ACS Omega, 2021, 6: 5119-5123.

2. 孙尔康，张剑荣，曹健，等. 有机化学实验 [M]. 3 版. 南京：南京大学出版社，2018.

3. Lin S, Wade J D, Liu S. *De Novo* design of flavonoid-based mimetics of cationic antimicrobial peptides: Discovery, development, and applications [J]. Acc. Chem. Res., 2021, 54: 104-119.

4. Xiong W, Wang X, Shen X, et al. Synthesis of flavonols via pyrrolidine catalysis: Origins of the selectivity for flavonol versus aurone [J]. J. Org. Chem., 2020, 85: 13160-13176.

实验十一

2,4,6-三甲基-1,3,5-三嗪的合成

一、实验目的

1. 了解 2,4,6-三甲基-1,3,5-三嗪的基本性质、合成方法及应用。
2. 掌握 2,4,6-三甲基-1,3,5-三嗪合成的操作及注意要点。
3. 巩固实验中萃取、减压蒸馏等基本操作。

二、实验原理

2,4,6-三甲基-1,3,5-三嗪，又名三甲基均三嗪，是苯环 1、3、5 位碳原子被氮原子取代，同时 2、4、6 位碳原子被甲基取代的共轭杂环芳烃。由于其具有较大的 π 电子共轭体系，结构中的—C═N—可进行电子传输，利用其具有的高电子运输特性将其用作辅助材料，提高来自阴极的载流子的电子传输速率，因此，它可广泛应用于有机电致发光材料中。

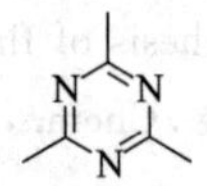

本实验首先进行乙腈的醇解合成乙亚氨酸乙酯盐酸盐，然后中和生成乙亚氨酸乙酯，最后以冰醋酸作为催化剂进行乙亚氨酸乙酯三聚反应，最终合成 2,4,6-三甲基-1,3,5-三嗪。具体反应式如下：

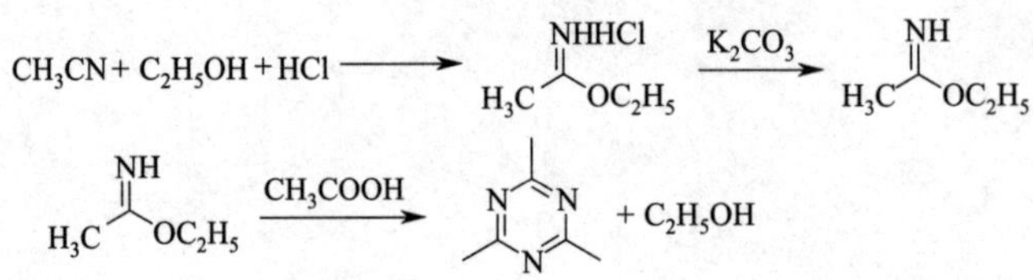

三、实验仪器与药品

1. 仪器

三口烧瓶、圆底烧瓶、机械搅拌器、球形冷凝管、恒压滴液漏斗、分液漏斗、烧杯、直形冷凝管、尾接管、干燥箱、油浴锅、循环水真空泵、电子天平。

2. 药品

乙腈、无水乙醇、碳酸钾、冰醋酸、二氯甲烷、无水硫酸钠。

四、实验步骤

1. 乙亚氨酸乙酯盐酸盐的合成

在 500 mL 三口烧瓶中依次加入 41 g（1 mol，53 mL）乙腈和 46 g（1 mol，58 mL）

无水乙醇，在搅拌下通入干燥的 HCl 气体，加热使反应温度维持在 20～30 ℃约 48 h，之后有大量白色固体析出，得到乙酰亚胺乙酯盐酸盐晶体 115 g，收率为 93%。

在 500 mL 锥形瓶中，将 86 g K_2CO_3 溶于 300 mL 水中，然后加入 105 mL CH_2Cl_2，搅拌均匀后，迅速加入 52 g 乙酰亚胺乙酯盐酸盐，并在室温下搅拌 10 min 后静置。分液保存有机相，水相用 60 mL CH_2Cl_2 萃取 2 次，合并有机层，用无水 Na_2SO_4 干燥，过滤除去干燥剂。缓慢蒸出溶剂（60 ℃以下馏分），保留残留液中含有 80%～90%的乙酰亚胺乙酯。

2. 2,4,6-三甲基-1,3,5-三嗪的合成

待上述残留液冷却后，在搅拌下向体系中缓慢加入冰乙酸（摩尔量约为理论乙酰亚胺乙酯生成量的 8%～10%），保持 30 ℃恒温搅拌 18 h（反应时间可依据用量酌情改变），后加热混合体系至 80 ℃约 10 min。向混合体系中加入 30 mL CH_2Cl_2，搅拌后抽滤除去不溶解固体颗粒。滤液用饱和碳酸钾溶液中和至中性。分出有机相，水相用 30 mL CH_2Cl_2 萃取 2 次，合并有机层，用无水 Na_2SO_4 干燥，过滤除去干燥剂，蒸去有机溶剂。减压蒸馏，收集 150～154 ℃的馏分，冷却析出白色晶体。称重，计算产率。

五、问题讨论

1. 反应生成乙亚氨酸乙酯盐酸盐时为何使用干燥的 HCl 气体？体系中有水是否会影响产率？

2. HCl 气体的溢出速率决定着乙腈的醇解，如何保证 HCl 气体持续通入反应体系？

3. 如果反应体系压强不稳定很容易导致倒吸，将乙腈溶液注入混酸体系中，如何避免倒吸？

4. 乙酸作为反应的催化剂，过多或者过少对反应有何影响？

六、知识链接

1,3,5-三嗪及其衍生物由于具有生物活性，因此能实现抗菌、杀菌、抗疟疾、抗癌、抗病毒、抗微生物、抗炎、抗阿米巴和抗结核活性。此外，它们还具有多通道药理学特性以及重要的工业应用，不仅可用作阳离子交换剂，而且还可以用作固定化酶制备的转运蛋白。

七、参考文献

1. 杨飞，胡泉源，祁小云，等．八极分子 2,4,6-三[4-{4-[*N*-乙基-*N*-(2-羟乙基)]氨基苯偶氮基}苯乙烯基]均三嗪的合成 [J]．合成化学，2011，19 (2)：222-224.

2. 盖永刚，田燕．三甲基均三嗪的合成研究及八极分子三苯乙烯基均三嗪的制备 [J]．山东轻工业学院学报（自然科学版），2003，(3)：39-42.

3. 车秋凌，辛梅华，李明春，等．*O*—氯均三嗪-*N*,*N*,*N*-三甲基壳聚糖的合成及其在羊毛织物抗菌中的应用 [J]．化工进展，2018，37 (3)：1098-1104.

实验十二

8-羟基喹啉的制备

一、实验目的

1. 掌握 Skraup（斯克劳普）法制备 8-羟基喹啉的反应原理。
2. 巩固回流加热和水蒸气蒸馏等基本操作。
3. 掌握减压升华的实验方法和操作。
4. 了解 8-羟基喹啉在有机化学中的应用。

二、实验原理

Skraup（斯克劳普）反应，是合成杂环化合物喹啉及其衍生物最重要的方法，主要由甘油和邻氨基酚发生环化反应得到 8-羟基喹啉。该反应首先需要通过脱水剂浓硫酸使甘油脱水形成丙烯醛，丙烯醛进一步与邻氨基苯酚发生 1,4-加成反应，加成物脱水关环得到 8-羟基喹啉。反应方程式如下：

$$HOCH_2CHOHCH_2OH \xrightarrow{H_2SO_4} H_2C{=}CHCHO$$

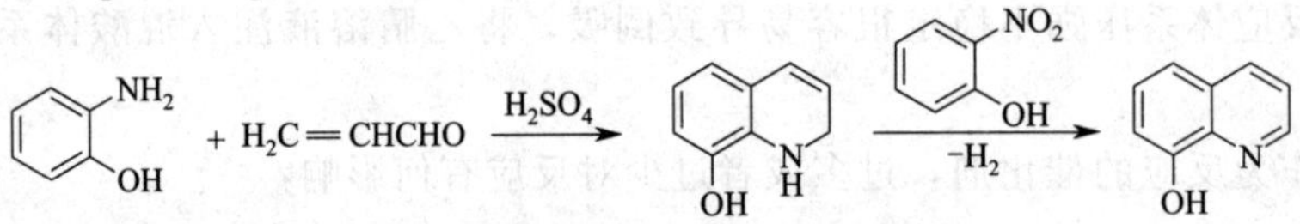

三、实验仪器与药品

1. 仪器

圆底烧瓶、球形冷凝管、T 形管、三口烧瓶、球形冷凝管、螺旋夹、接引管、锥形瓶、抽滤瓶、布氏漏斗、熔点测定仪、傅里叶变换红外-拉曼光谱仪。

2. 药品

无水甘油、邻硝基苯酚、邻氨基苯酚、浓硫酸、氢氧化钠、饱和碳酸钠溶液、乙醇-水混合溶剂。

四、实验步骤

在 250 mL 圆底烧瓶上，装上球形冷凝管，整个装置仪器必须是干燥的。在圆底烧瓶中加入 19 g(15 mL，0.2 mol) 无水甘油，并加入 3.6 g(0.026 mol) 邻硝基苯酚和 5.5 g (0.05 mol) 邻氨基苯酚，剧烈振荡，使混合物充分混合均匀。在不断搅拌且在冰水浴下缓缓加入 9 mL 浓硫酸，摇匀后装入球形冷凝管。在摇动下用小火加热，当溶液微沸时，立即移去热源。反应大量放热，会导致剧烈沸腾（注意安全）。待反应缓和后，继续加热，保持反应物微沸 2.0～2.5 h。

稍冷后，进行水蒸气蒸馏，除去未反应的邻硝基苯酚（约 0.5 h）。待瓶内液体冷却后，慢慢滴加约 14 mL 氢氧化钠溶液，将烧瓶置于冷水中冷却，摇匀后，再小心滴加饱和碳酸钠溶液，使混合液呈中性。再加入 10 mL 水进行水蒸气蒸馏。馏出液充分冷却后，抽滤收集析出物，洗涤，干燥，得粗产物。

粗产物用 45 mL 乙醇-水混合溶剂重结晶（体积比为 4∶1），得纯品 8-羟基喹啉（或取 0.5 g 粗产物进行升华，得到纯的针状晶体，用于测试）。称重样品，计算产率。

测定产物的熔点和红外光谱。

五、注意事项

1. 甘油，CAS 号为 56-81-5，无色无味黏性液体，略有甜味。熔点（m.p.）为 17 ℃。沸点（b.p.）为 290 ℃。吸湿性很强，能与水、醇、胺、杂环碱互溶，微溶于乙醚，不溶于苯、氯仿、烃。能溶解一些气体（如 H_2S、HCN、SO_2 等）与无机盐（如 $FeSO_4$、$FeCl_3$ 等）。本实验所用甘油的含水量不应超过 0.5%，且甘油很易吸水，同时 Skraup 反应又是脱水缩合反应，水的存在对反应不利（即 8-羟基喹啉的产量不高），因此要使用低含水量的甘油。低含水量甘油的制备方法：在通风橱中将普通甘油置于瓷蒸发皿中加热至 180 ℃，冷却至 100 ℃左右时，放到盛有硫酸的干燥器中备用。如果甘油的含水量是已知的，则可以不必除水，而仅需在硫酸中加入与水结合所需量的 SO_3 即可（用发烟硫酸）。甘油常温下是黏稠状液体，若用量筒量取时应注意转移中的损失，最好用称重的方法直接称入反应烧瓶中。

2. 邻硝基苯酚，CAS 号为 88-75-5，浅黄色结晶。m.p. 为 45 ℃。b.p. 为 212.7 ℃。溶于冷水，易溶于热水、醇、醚、苯，还易溶于苛性碱、碱金属的碳酸盐溶液，溶解后呈黄色。随水蒸气挥发。

3. 邻氨基苯酚，CAS 号为 95-55-6，白色结晶。m.p. 为 173～174 ℃。溶于水、醇、醚，不溶于苯。遇光及在空气中变黑，能升华。与无机酸作用生成水溶性盐。

4. 加料时如未加浓硫酸，反应瓶中将十分黏稠，难以摇动。浓硫酸加入后，黏度大为降低。各种原料一定要混合均匀，然后才能加热。在加浓硫酸时要冷却，速度要慢。

5. 此反应为放热反应，溶液呈微沸状态，表示反应已经开始。如过快升温，则反应过于激烈，会使溶液冲出容器。

6. 8-羟基喹啉既溶于酸又溶于碱而成盐，成盐后不被水蒸气蒸馏蒸出，故必须小心中和，控制 pH 值在 7～8 之间。中和恰当时，瓶内析出沉淀最多。

7. 为确保产物蒸出，在水蒸气蒸馏后，对残液测一次 pH 值，必要时再次水蒸气蒸馏。

8. 由于 8-羟基喹啉难溶于冷水，故于滤液中慢慢滴入去离子水，即有 8-羟基喹啉不断结晶析出。

六、问题讨论

1. Skraup（斯克劳普）反应合成 8-羟基喹啉的机理是什么？

2. 在反应中如用对甲基苯胺作原料将得到什么产物？硝基化合物应如何选择？

3. 分析在此合成方法中产率偏低的原因。

4. 为什么第一次水蒸气蒸馏要在酸性条件下进行，第二次却要在中性条件下进行？

七、知识链接

8-羟基喹啉，CAS号为148-24-3，为白色或淡黄色针状晶体或结晶性粉末，熔点为75～76 ℃（分解），沸点为267 ℃。不溶于水，溶于乙醇、苯、氯仿、丙酮和稀酸，能升华。广泛应用于金属的测定和分离。它不仅是生产染料、药物合成的中间体，而且也可用作沉淀和分离金属离子的络合剂和萃取剂。除利用本实验方法制备得到8-羟基喹啉外，还可以由喹啉磺化生成8-磺酸基喹啉中间体，在熔融状态下与碱分解后进行水蒸气蒸馏得到8-羟基喹啉。还可以将三氧化二镍溶解于浓硫酸中，滴加冰醋酸制备金属催化剂。将邻氨基苯酚、无水甘油、邻硝基苯酚和制备的金属催化剂加入反应釜中，维持温度在70～90 ℃下持续搅拌5 h。待反应完成后调节pH值至7～8，蒸馏得到8-羟基喹啉粗品，乙醇重结晶后得到8-羟基喹啉纯品。

八、参考文献

1. 王星禄，冯棋赟，卢福军，等．有机溶剂法非均相合成8-羟基喹啉［J］．化工科技，2024，32（3）：61-65.

2. 黄飞，陈哲，吴家婷，等．正交试验法优化合成8-羟基喹啉及应用研究［J］．齐齐哈尔大学学报（自然科学版），2017，33（5）：49-52.

3. 王松，刘贵博，武昕秀，等．8-羟基喹啉衍生物的合成［J］．山东化工，2016，45（7）：20-21.

实验十三

苯乙烯-马来酸酐共聚物的合成

一、实验目的

1. 学习自由基聚合的原理和沉淀聚合方法。
2. 掌握苯乙烯-马来酸酐共聚物的合成方法。
3. 了解共聚物的红外光谱表征和分析方法。

二、实验原理

马来酸酐是强吸电子单体，而苯乙烯是强给电子单体，因此二者等量混合，在引发剂引发下易发生共聚而形成交替共聚物。本实验采用过氧化苯甲酰（BPO）作为引发剂，引发苯乙烯与马来酸酐发生自由基聚合，形成苯乙烯-马来酸酐共聚物，并通过碱性水解制备苯乙烯-马来酸酐共聚物。

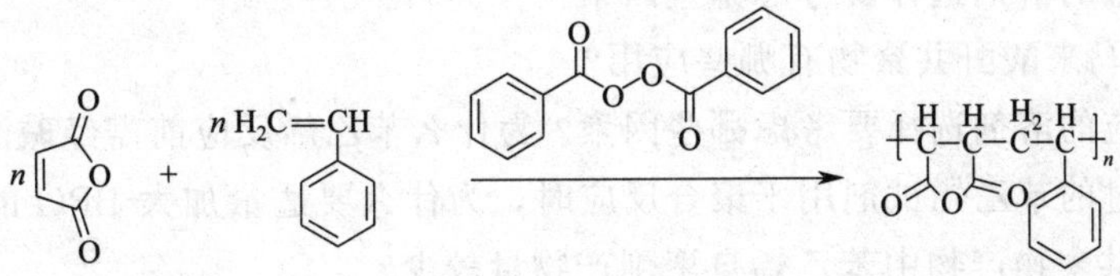

由于苯乙烯与马来酸酐均可以溶解于甲苯中，而其共聚物不溶于甲苯，因此其共聚物可以从甲苯中沉淀出来而称为沉淀聚合。

三、实验仪器与药品

1. 仪器

四口烧瓶、圆底烧瓶、机械搅拌器、球形冷凝管、烧杯、表面皿、傅里叶变换红外-拉曼光谱仪。

2. 药品

甲苯、苯乙烯、马来酸酐、过氧化苯甲酰（BPO）、氢氧化钠、盐酸。

四、实验步骤

1. 共聚物的合成

在 250 mL 的四口烧瓶中加入 150 mL 经蒸馏的甲苯、10.4 g 苯乙烯、9.8 g 马来酸酐和 0.1 g BPO，升温至 50 ℃左右，搅拌 15 min 使马来酸酐完全溶解。然后，升温到 80 ℃左右反应 1 h。反应物降至室温，将产物滤出，在 60 ℃下真空干燥。

2. 共聚物的皂化

在 100 mL 圆底烧瓶中加入 2 g 干燥的共聚物和 50 mL 2 mol/L 的氢氧化钠溶液，加热至沸腾，待聚合物溶解后继续回流 1 h。降温至 50 ℃，将溶液倾入 200 mL 3 mol/L 的盐酸中，使聚合物沉淀，过滤、洗涤、干燥，获得水解的苯乙烯-马来酸酐共聚物。

3. 共聚物的红外光谱表征

取少量共聚物彻底干燥，与 KBr 压片，表征红外光谱，指认特征官能团。包括苯环上不饱和—C—H 键的伸缩振动峰、单取代苯环上—C—H 的弯曲振动吸收峰、苯环骨架 C═C 键的振动吸收峰、马来酸酐中羰基的对称和反对称伸缩振动的特征吸收峰、环状酸酐中 C—O—C 的伸缩振动的特征吸收峰等。

五、注意事项

1. 实验中使用的苯乙烯、马来酸酐、BPO 在实验前应该精制。
2. 聚合过程中要控制反应温度不可以太高，以免反应太快。

六、问题讨论

1. 影响共聚反应的竞聚率的因素主要有哪些？
2. 聚合反应的溶剂选择要考虑哪些因素？
3. 苯乙烯-马来酸酐共聚物有哪些应用？
4. 聚合反应的溶剂选择要考虑哪些因素？为什么苯乙烯反应前需经碱洗，减压蒸馏？
5. 未蒸馏过的苯乙烯试剂用于聚合反应时，为什么要适量加大 BPO 的量？为什么苯乙烯-马来酸酐共聚物产物中苯乙烯自聚副产物量较少？
6. 苯乙烯-马来酸酐共聚物的聚合反应中，反应温度过高将发生什么现象？

七、知识链接

苯乙烯-马来酸酐共聚物是由两种单体按照一定比例聚合而成的，一般由自由基引发和诱导。苯乙烯-马来酸酐共聚物主要应用于树脂，具有很多良好的加工性、耐热性和化学稳定性，不仅可以作为一种基体树脂使用，还可以与许多高分子树脂共混实现改性，制备热塑性工程塑料，广泛应用于汽车、涂料、纺织、印染等领域。

八、参考文献

1. 高晨曦．苯乙烯-马来酸酐（SMA）共聚物合成方法及应用研究进展［J］．化工与医药工程，2021，42（4）：21-26.

2. 梁立嘉，龚光碧，宋绍富，等．苯乙烯-丙烯腈-马来酸酐共聚物的合成及表征［J］．化工技术与开发，2021，50（11）：17-20.

3. 刘廷国，刘天宝，汪新，等．低相对分子质量苯乙烯-马来酸酐交替共聚物的合成［J］．分子科学学报，2017，33（2）：138-145.

实验十四

苯乙烯系阳离子交换树脂的制备及表征

一、实验目的

1. 掌握聚苯乙烯交联微球的制备方法。
2. 掌握通过磺化反应制备阳离子交换树脂的工艺。
3. 掌握阳离子交换树脂离子交换容量的测定方法。

二、实验原理

离子交换树脂是一种在交联聚合物结构中含有离子交换基团的功能高分子材料，可与溶液中的某些离子进行交换反应，在水处理、贵金属的回收提纯、催化反应、海水淡化、分析检测等方面有广泛应用。按照功能分类，离子交换树脂可以分为阳离子交换树脂和阴离子交换树脂，即分别可以进行阳离子交换和阴离子交换。按照材料种类分类，可以分为苯乙烯系、丙烯酸系、酚醛系、乙烯基吡啶系、氯乙烯系等。

苯乙烯系交换树脂是重要的一类离子交换树脂，可由苯乙烯和二乙烯基苯在引发剂作用下经悬浮聚合得到珠状聚合物，再经特定反应引入功能基团而制得。聚苯乙烯珠状聚合物是交联的网状结构高分子，如果进行磺化，可制备磺酸型阳离子交换树脂；如果进行氯甲基化，再与三甲胺进行季铵化得到强碱性的阴离子交换树脂。

本实验采用悬浮聚合制备聚苯乙烯珠状聚合物，进一步通过磺化反应获得聚苯乙烯阳离子交换树脂。反应机理如下所示：

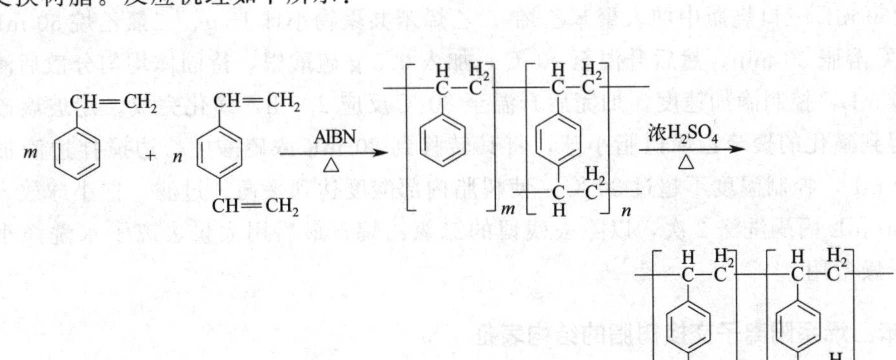

首先，苯乙烯与二乙烯苯在自由基引发剂偶氮二异丁腈（AIBN）作用下发生自由基聚合得到珠状聚合物，然后使用浓硫酸在苯环上引入磺酸根，得到苯乙烯阳离子交换树脂。

三、实验仪器与药品

1. 仪器

三口烧瓶、机械搅拌器、分液漏斗、水浴锅、干燥箱、抽滤装置、红外光谱仪、元素分析仪。

2. 药品

苯乙烯（工业品）、二乙烯苯（分析纯）、聚乙烯醇（分析纯）、偶氮二异丁腈（分析纯）、二氯乙烷（分析纯）、浓硫酸（分析纯）、硫酸银（分析纯）、氢氧化钠（分析纯）、丙酮（分析纯）、氯化钠（分析纯）。

四、实验步骤

1. 二乙烯基苯（DVB）的提纯

在分液漏斗中加入 50 mL 二乙烯苯、100 mL 5% NaOH 溶液，振荡、静置、分层。取上层液体并向其中加入 100 mL 5% NaOH 溶液，振荡、静置、分层，重复 2～3 次直至分液后的碱液没有明显颜色。取上层液体用去离子水洗涤 1～2 次备用。

2. 聚苯乙烯-二乙烯苯共聚物的制备

在三口烧瓶中加入 500 mL 1%的聚乙烯醇（PVA）溶液及苯乙烯 88 g、二乙烯苯 7 g、偶氮二异丁腈 1 g。控制搅拌速度，使得油珠粒径大小适中，在 80 ℃下反应 2 h，然后加热至 85 ℃继续反应 1h。待树脂颗粒定型后升温至 95 ℃，继续反应 5 h。停止反应，将反应物倒入烧杯中静置、冷却，过滤聚合物，用热水洗涤聚合物，然后抽滤得到聚苯乙烯-二乙烯苯共聚物小球，用水洗涤至无色。最后在温度 333 K 下真空干燥 2 h，称重。

3. 苯乙烯系阳离子交换树脂的合成

在 250 mL 三口烧瓶中加入聚苯乙烯-二乙烯苯共聚物小球 15 g、二氯乙烷 60 mL，升温至 60 ℃溶胀 30 min，然后升温至 70 ℃，加入 0.5 g 硫酸银，待固体均匀分散后滴加浓硫酸 100 mL，控制滴加速度，加完后升温至 80 ℃反应 2.5 h，磺化完成。用玻璃砂芯漏斗抽滤得到磺化的聚苯乙烯树脂小球，将其转移到 30 mL 浓硫酸中，边搅拌边滴加去离子水 300 mL，控制温度不超过 30 ℃，使树脂内部酸度达到平衡。过滤，把小球放入烧杯中，用 30 mL 丙酮洗涤 2 次，以除去残留的二氯乙烷，最后用大量去离子水洗涤小球至中性，干燥备用。

4. 苯乙烯系阳离子交换树脂的结构表征

聚合物的红外光谱使用溴化钾和树脂粉末压片法，采用 Nicolet 170 SX IR 光谱仪（Madison，WI，USA）测定；

聚合物树脂的元素分析通过 Perkin-Elmer 240 C 元素分析仪（Wellesley，MA，USA）测定。

5. 苯乙烯系阳离子交换树脂的性能表征

① 吸水量。离子交换树脂的吸水量是指单位质量的干树脂变为潮湿树脂时增加的质

量。取一定量干树脂，记录其质量为 m_1，将干树脂放入足量的去离子水中静置 1 h，表面水分用滤纸擦干，称重记录其质量为 m_2。计算吸水量记录于表 1。

$$吸水量=\frac{湿重-干重}{干重}\times 100\%$$

表 1 吸水量实验记录

项目	干重/g	湿重/g	吸水量/%
苯乙烯系阳离子交换树脂	m_1	m_2	

② 离子交换容量。离子交换容量是指单位质量的干燥树脂所含有可交换的基团数量。称取 3 份 0.5 g 左右的干树脂，记录其质量分别为 m_3、m_4 和 m_5，分别放入 1 mol/L 的氯化钠溶液中浸泡 2 h，其间用玻璃棒搅拌数次，树脂上的 H^+ 逐渐被 Na^+ 取代，被置换下来的 H^+ 以 HCl 的形式存在于溶液中，各加 3 滴酚酞作为指示剂，用 0.1 mol/L 的标准氢氧化钠溶液滴定，记录消耗的氢氧化钠的体积为 V_1、V_2 和 V_3。计算离子交换容量记录于表 2。离子交换容量计算如下：

$$离子交换容量\ \mathrm{IEC}=\frac{V_{\mathrm{NaOH}}\times c_{\mathrm{NaOH}}}{m}$$

表 2 离子交换容量实验记录

项目	干重/g	$V_{\mathrm{AgNO_3}}$/mL	IEC/(mol/g)	平均值
苯乙烯系阳离子交换树脂	m_3	V_1		
	m_4	V_2		
	m_5	V_3		

五、问题讨论

1. 常见的阳离子交换树脂有哪些？
2. 加入二乙烯基苯单体与苯乙烯共聚有什么作用？
3. 苯乙烯系阳离子交换树脂的结构可以通过哪些手段进行表征？
4. 在磺化反应之后，先加浓硫酸后加水对树脂内部进行酸化，该过程需要注意什么？
5. 树脂通常对颗粒度要求较高，制备过程中如何控制呢？
6. 对实验改进有哪些设想和建议？

六、知识链接

离子交换树脂是分子中含有活性基团而能与其他物质进行离子交换的树脂，通常可以分为阳离子交换树脂和阴离子交换树脂。阳离子交换树脂通常含有酸性功能团，例如磺酸基，可以与溶液中的阳离子进行交换；阴离子交换树脂通常含有碱性功能团，例如铵根，可以与溶液中的阴离子进行交换。目前常用的离子交换树脂根据基地的不同主要分为苯乙烯系树脂和丙烯酸系树脂两大类。上市的产品包括美国 Rohm&Haas 公司的 Amberlite 系列树脂、美国 Dow 化学公司的 Dowex 系列树脂、印度 Thermax 公司的 Tulsion 系列树脂和英国 Hallite 公司的 Purolite 系列树脂等。苯乙烯系树脂是以苯乙烯为原料，与交联剂二乙烯苯发生聚合反应获得的。它包括酸性离子交换树脂，如 Dowex50WX2、

Dowex50WX4、AmberliteIRP69、Indion254、Indion284。碱性离子交换树脂，如DuoliteAP143、Dowex1、Dowex2、AmberliteIR400、Indion454等。丙烯酸系树脂是以丙烯酸（酯）为原料，与交联剂二乙烯苯发生聚合反应获得的。它主要为弱酸性离子交换树脂，包括AmberliteIRP64、AmberliteIRP88、Indion204、Indion214、Indion294、TulsionT-335等。

七、参考文献

1. 彭亚勤，钟宏，王帅，等．聚苯乙烯型离子交换树脂的研究进展［J］．广州化学，2008，3：67-71.

2. 冯孝庭．吸附分离技术［M］．北京：化学工业出版社，2000.

3. 邸宏伟，马贵，周生学，等．苯乙烯型阳离子交换树脂的制备及其对降低固原市自来水硬度的研究［J］．四川理工学院学报（自然科学版），2021，25：14-17.

4. 张全兴，陈金龙，潘丙才．离子交换与吸附树脂的发展及在工业废水处理与资源化中的应用［J］．高分子学报，2015，9：21-43.

实验十五

聚苯醚材料的改性研究

一、实验目的

1. 了解聚苯醚材料的性质，学习掌握固态聚合物的改性方法。
2. 掌握制备高分子微孔膜最常用的方法——相转化法的原理和实验操作。
3. 学习高分子膜含水量的测试和离子交换容量测试。

二、实验原理

聚苯醚（polyphenylene oxide，PPO）是 20 世纪 60 年代发展起来的高强度工程塑料，化学名称为聚 2,6-二甲基-1,4-苯醚，由通用电气 A. S. Hay 在 1956 年制成，利用氯化亚铜作为催化剂将 2,6-二甲基苯酚进行氧化偶合和链增长得到。

PPO 原料无毒、透明、相对密度小，具有优良的机械强度、较高的耐热性、突出的电绝缘性和耐水性，但是熔融流动性差，加工成型困难。因此通常需要对 PPO 进行改性，改善其加工性能，从而降低成本。改性之后的聚苯醚（PPO）与聚酰胺（PA）、聚碳酸酯（PC）、聚甲醛（POM）和热塑性聚酯（PET、PBT）共称五大通用工程塑料，主要用于电子电器、汽车、家用电器、办公室设备和工业机械等方面。

本实验的改进方法是通过 PPO 与溴发生取代反应制备溴代聚苯醚（BPPO），然后与三甲胺发生季铵化反应，得到季铵化的聚苯醚（QPPO），反应如下所示：

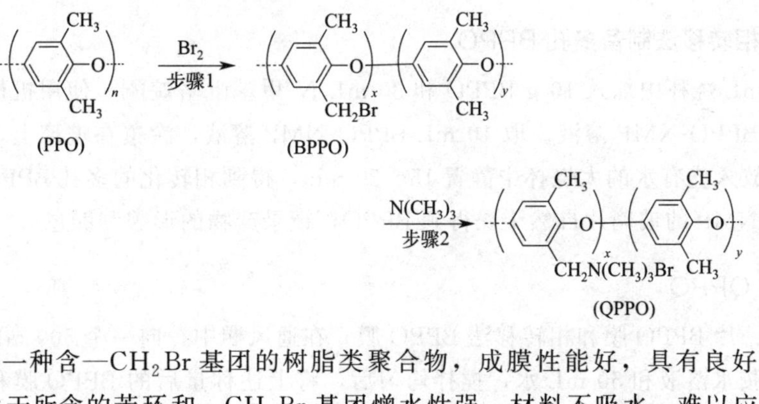

BPPO 是一种含—CH_2Br 基团的树脂类聚合物，成膜性能好，具有良好的强度和一定的韧性。由于所含的苯环和—CH_2Br 基团憎水性强，材料不吸水，难以应用于离子分离等领域。但—CH_2Br 基团可与三甲胺发生季铵化反应，得到季铵化的聚苯醚（QPPO）。QPPO 含有季铵基团—$N^+(CH_3)_3Br^-$，带有正负电荷，具有强的吸水性，使得 QPPO 材料的吸水性大大增加。

本实验直接以 BPPO 为原料进行季铵化反应，将 BPPO 膜片材料直接浸泡于三甲胺水溶液中，但是致密的 BPPO 材料由于憎水性与三甲胺溶液的接触面小，季铵化速率慢且不易充分完成。为了提高季铵化程度，我们采用相转化法制备多孔 BPPO 材料，使后续的季铵化反应的固-液接触面积增大。相转化法是将高分子溶解在良溶剂中，形成均相透明溶液，再通过某种方法，例如加入与良溶剂互溶的不良溶剂使聚合物溶液转变为热力学不稳定状态，使聚合物溶液逐渐固化，最终形成具有特定形态的聚合物微孔膜的过程，原理如图 1 所示，先将 BPPO 溶解在 *N*-甲基吡咯烷酮（NMP）中，然后将溶液倒入大量水中，由于溶剂 NMP 和水可以相溶，因此，NMP 逐渐迁移至水中，而 BPPO 不溶于水，保持起初的形貌不变，得到多孔结构。

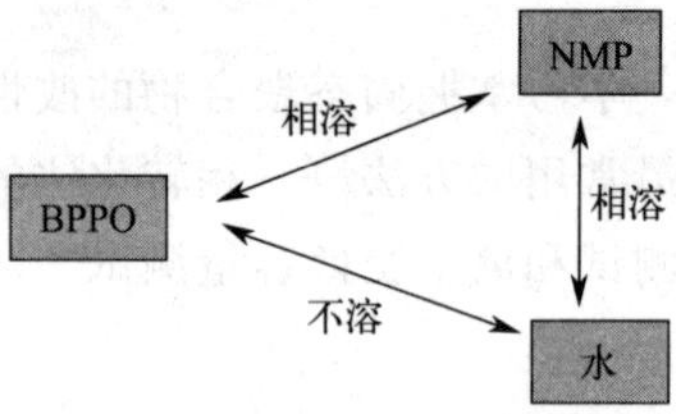

图 1　相转化法制备多孔 BPPO 材料的原理示意图

三、实验仪器与药品

1. 仪器

烧杯、机械搅拌器、电子天平、鼓风干燥箱、真空干燥箱、滴定管。

2. 药品

溴代聚苯醚（分析纯）、三甲胺饱和溶液（分析纯）、*N*-甲基吡咯烷酮（分析纯）、水（化学纯）、氯化钠（分析纯）、铬酸钾（分析纯）、硫酸钠（分析纯）、硝酸银（分析纯）。

四、实验步骤

1. 利用相转移法制备多孔 BPPO

在 500 mL 烧杯中加入 10 g BPPO 和 30 mL *N*-甲基吡咯烷酮，使用机械搅拌器使其溶解，得到 BPPO-NMP 溶液。取 10 mL BPPO-NMP 溶液，涂覆在玻璃上，形成均匀的一层，然后放入盛有水的大烧杯中静置 15～20 min，得到相转化的多孔 BPPO，同时将涂覆有 BPPO-NMP 的玻璃片自然干燥得到 BPPO，记录产物的形貌和颜色。

2. 制备 QPPO

分别取一片 BPPO 膜和相转移法 BPPO 膜，在通风橱中，向一个 500 mL 烧杯中加入 50 mL 三甲胺水溶液和 50 mL 水，搅拌均匀后，将上述称量后的 BPPO 膜和相转化法制备的 BPPO 膜加入上述三甲胺水溶液中浸泡 35 min 进行铵化，盖上表面皿。

在通风橱中取出铵化之后的 QPPO 膜和相转化法 QPPO 膜至盛有水的大烧杯中，洗涤多次以除去残留的三甲胺，然后用滤纸擦干表面的水分，烘干。

3. QPPO 的吸水量测试

分别取 QPPO 膜和相转化法 QPPO 膜，记录其质量分别为 m_1 和 m_2，然后将两张膜浸泡在去离子水中，30 min 后取出，用滤纸擦干表面的水分，记录其质量分别为 m_3 和 m_4。计算吸水量记录于表 1。

$$吸水量=\frac{湿重-干重}{干重}\times 100\%$$

表 1　吸水量实验记录

项目	干重/g	湿重/g	吸水量/%
普通 QPPO	m_1	m_3	
相转化法 QPPO	m_2	m_4	

4. QPPO 离子交换容量（IEC）测试

取 3 片干燥的普通 QPPO 膜，记录其质量分别为 m_5、m_6 和 m_7，然后分别放入 1 mol/L NaCl 水溶液中静置，将 Br^- 置换成 Cl^-，然后用滤纸将表面水分擦干，分别加入盛有 0.5 mol/L Na_2SO_4 的烧杯中浸渍。随着离子交换的进行，氯离子被置换出来，以 K_2CrO_4 作为指示剂，使用 0.1 mol/L $AgNO_3$ 进行滴定，记录消耗硝酸银的体积 V_1、V_2 和 V_3。

取 3 片相转化法 QPPO 膜，记录其质量分别为 m_8、m_9 和 m_{10}，然后分别放入 1 mol/L NaCl 水溶液中静置，将 Br^- 置换成 Cl^-，然后用滤纸将表面水分擦干，分别加入盛有 0.5 mol/L Na_2SO_4 的烧杯中浸渍。随着离子交换的进行，氯离子被置换出来，以 K_2CrO_4 作为指示剂，使用 0.1 mol/L $AgNO_3$ 进行滴定，记录消耗硝酸银的体积 V_4、V_5 和 V_6。计算 IEC 及平均值记录于表 2。

$$离子交换容量\ IEC=\frac{V_{AgNO_3}\times c_{AgNO_3}}{m_{QPPO}}$$

表 2　IEC 测试实验记录

项目	干重/g	V_{AgNO_3}/mL	IEC/(mol/g)	平均值
普通 QPPO	m_5	V_1		
	m_6	V_2		
	m_7	V_3		
相转化法 QPPO	m_8	V_4		
	m_9	V_5		
	m_{10}	V_6		

五、问题讨论

1. 相转化法制备多孔材料的原理是什么？
2. BPPO 铵化前后的吸水性有什么变化，为什么？
3. 多孔材料和致密材料参与反应的速率哪个快，为什么？
4. 使用普通 BPPO 和相转化法 BPPO 制备的 QPPO 的水含量有什么区别？为什么？
5. 使用普通 BPPO 和相转化法 BPPO 制备的 QPPO 的离子交换容量有什么区别？为什么？

六、知识链接

工程塑料可以分为通用工程塑料和特种工程塑料两类。通用工程塑料通常是指已大规模工业化生产、应用范围较广的5种塑料，即聚苯醚（PPO）、聚酰胺（PA）、聚碳酸酯（PC）、聚甲醛（POM）和热塑性聚酯（PET、PBT）。特种工程塑料是指性能更加优异独特，但是目前大部分尚未大规模工业化生产或者生产规模较小、用途相对较窄的塑料，例如聚苯硫醚（PPS）、聚酰亚胺（PI）、聚砜（PSF）、聚醚酮（PEK）、液晶混合物（LCP）等。

特种工程塑料的性能特点主要是：①与通用工程塑料相比，具有优良的耐热和耐寒性能，在广泛的温度范围内机械性能优良，适宜作为结构材料使用；②耐腐蚀性好，受环境影响较小，有良好的耐久性；③与金属材料相比，容易加工，生产效率高，并可简化程序，节省费用；④有良好的尺寸稳定性和电绝缘性；⑤质量轻，比强度高，并具有突出的耐磨性。

七、参考文献

1. Xu T W，Yang W H. Fundamental studies of a new series of anion exchange membranes：Membrane preparation and characterization［J］. Journal of Membrane Science，2001，190（2）：159-166.

2. Zhang S L，Xu T W，Wu C M. Synthesis and characterizations of novel，positively charged hybrid membranes from poly(2,6-dimethyl-1,4-phenylene oxide)［J］. Journal of Membrane Science，2006，269（1-2）：142-151.

3. Zhou J H，Zuo P P，Liu Y H. et al. Ion exchange membranes from poly(2,6-dimethyl-1,4-phenyleneoxide)and related applications［J］. Science China Chemistry，2018，61：1062-1084.

实验十六

凹凸棒土负载 Pd 催化剂的制备及其在 Heck 反应中的应用

一、实验目的

1. 了解均相催化和异相催化的优缺点，学习负载型异相催化剂的制备、表征及应用。

2. 学会使用 X 射线衍射仪、等离子发射光谱仪、比表面积及孔径分布仪、X 射线光电子能谱仪对负载型催化剂进行表征的技术。

3. 学会使用气相色谱仪对反应产物进行表征、分析。

二、实验原理

近年来，随着世界各国工农业的迅速发展和人们生活水平的不断提高，染料、农药、医药的需求逐渐增加。Heck 反应使用均相的贵金属 Pd 作为催化剂，反应速率快，选择性好，但是均相催化剂难以回收，且一般需要引入含磷的配合物，而这些配体价格也相对昂贵且容易造成环境污染。另外，微量的均相催化剂在产物中难以完全去除，这给产品带来额外的提纯成本。

在此条件下，异相催化剂应运而生。异相催化剂不仅不存在上述问题，且具有耐高温、易分离、长寿命等优势。随着科技的进步，部分异相催化剂已经在反应的选择性和速率上与均相催化剂相当。

常见的负载型钯催化剂主要是碳载钯，由于碳材料具有高比表面积和高物理吸附性能，可以有效分散金属钯，且在催化过程中碳材料的高比表面积有利于反应物分子的吸附、扩散、脱附，从而提高了反应速率。但是碳材料与钯之间只有物理吸附作用，作用力较弱，在催化剂运输、反应、循环过程中会有金属钯的流失，导致催化剂活性降低。

本实验提出以凹凸棒土（attiapulgite，ATP）为载体，负载金属钯形成负载型催化剂。凹凸棒土又名坡缕石，最早由俄国学者在乌拉尔地区的 Palygorsk 发现。凹凸棒土主要成分是含有结晶水的镁铝层状硅酸盐，由 MgO、Al_2O_3、SiO_2 三种组分按照一定比例形成。凹凸棒土质轻、性脆，呈现纤维状，有良好的理化性能，如良好的离子交换能力、大量带负电荷的反应位点、良好的分散性以及相对大的比表面积，是一种良好的载体材料。天然的凹凸棒土具有纤维形态、高长径比、良好的化学稳定性等，广泛应用于众多领域，被称为“千用之土，万土之王”。

三、实验仪器与药品

1. 仪器

三口烧瓶、圆底烧瓶、恒温油浴锅、真空干燥箱、高速冷冻离心机、X 射线光电子能谱仪、电感耦合等离子体发射光谱仪、比表面积及孔径分布测定仪、X 射线衍射仪、气相色谱仪。

2. 药品

凹凸棒土（ATP，工业品）、二氯化钯（分析纯）、六偏磷酸钠（分析纯）、硼氢化钠（分析纯）、盐酸（分析纯）、碳酸钾（分析纯）、碘苯（分析纯）、苯乙烯（分析纯）、柠檬酸钠（分析纯）。

四、实验步骤

1. 凹凸棒土的预处理与改性

称取 1 g 六偏磷酸钠于 500 mL 烧杯中，加入 400 mL 去离子水，搅拌溶解后，加入 20 g ATP 原土，超声搅拌 4 h 后静置 2 h，倒出上层悬浮液，随后用高速冷冻离心机离心，用去离子水清洗 2 次后放置于真空干燥箱中，50 ℃下烘干，研磨过筛备用。

配制 5%浓度的稀盐酸，以每 80 mL HCl 称取 5 g ATP 的比例，将 ATP 与稀盐酸加入 500 mL 烧瓶中，于恒温油浴锅中在 70 ℃条件下搅拌回流 4 h，随后离心分离，用去离子水洗涤至 pH 值为中性，干燥，过筛，备用。

2. 凹凸棒土负载钯催化剂的制备

称取 0.5 g ATP 分散于 10 mL 去离子水中，超声分散 30 min，待用。量取一定量的二氯化钯溶液于 50 mL 烧瓶中，再以二氯化钯 10 倍物质的量的比例称取柠檬酸钠加入烧瓶中，磁力搅拌。当柠檬酸钠完全溶解后，加入分散后的 ATP 悬浮液，磁力搅拌 30 min。以二氯化钯 16 倍物质的量的比例称取 $NaBH_4$，加入 1.5 mL 去离子水溶解，于 30 ℃油浴下将硼氢化钠溶液缓慢滴加进上述烧瓶内，滴加完后磁力搅拌 8 h，随后过滤分离，于 50 ℃真空干燥，磨细备用。

3. 凹凸棒土负载钯催化剂的表征

使用比表面积及孔径分布测定仪（TriStar Ⅱ 3020，Micromeritics）对凹凸棒土及负载钯的凹凸棒土进行表征和分析。

使用电感耦合等离子体发射光谱仪（ICP-OES，Thermo Scientific）对凹凸棒土负载钯进行表征，测定金属钯的负载量。

使用 X 射线光电子能谱仪（Escalab 250Xi，Thermo Scientific）对凹凸棒土负载钯进行表征，测定钯的负载量。

使用 X 射线衍射仪（D8 Advance，Bruker）对凹凸棒土负载钯进行表征，分析钯的晶型。

4. 凹凸棒土负载钯催化剂在 Heck 反应中的应用

将 1.4 mmol 碘苯、1.7 mmol 苯乙烯、0.5 g Pd/ATP 催化剂、2 mmol 缚酸剂（碳酸钾）、10 mL 溶剂加入 50 mL 的圆底烧瓶中，于选定温度下反应一定时间。反应结束后，通过减压抽滤分离出 Pd/ATP 催化剂，随后用乙醇与去离子水清洗，清洗干净后的催化剂真空烘干以循环使用。最后，对分离催化剂后的产物进行定容，并选用 Agilent 气相色谱仪进行含量分析，通过计算，得到一次反应后的转化率及产率。

通过控制变量法考查反应温度、反应时间、溶剂以及缚酸剂对反应的影响。

五、问题讨论

1. 凹凸棒土有哪些优良性质？
2. Heck 反应有什么优缺点？
3. 控制变量法在筛选最优反应条件时如何开展？
4. 异相催化剂的结构可以通过哪些手段进行表征？
5. 对实验改进有哪些设想和建议？

六、知识链接

Heck 反应又称 Mizoroki-Heck 反应，是使用 Pd(0)作为催化剂使不饱和卤代烃（或三氟甲磺酸酯）与烯烃生成取代烯烃的偶联反应，得名于美国化学家 Richard F. Heck 和日本化学家 Tsutomu Mizoroki。该反应不仅可以高效地一步形成 C—C 键，而且对大多数官能团例如醛基、酯基、硝基等都有良好的兼容性，在医药中间体合成、染料合成、农药合成等领域有广泛应用，因此获得了 2010 年诺贝尔化学奖。

Heck 反应的催化循环是围绕钯而展开的，大致可以分为 4 步，如图 1 所示，这里以丙烯酸甲酯与溴苯的偶联为例：首先 Pd（0）与溴苯发生氧化加成，形成 Pd（Ⅱ）配合物中间体；然后钯原子与烯烃作用生成 π 配合物，配位的烯烃再顺式插入形成 Pd—C 键；随后异构化为张力较小的反式异构体，发生 β-氢消除反应；最后解配位得到产物烯烃，同时催化剂在强碱作用下发生还原消除再生。

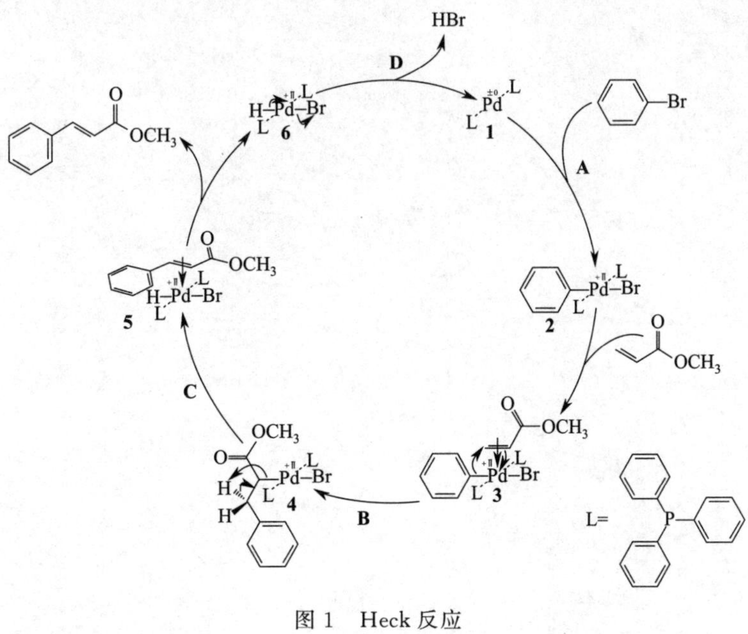

图 1　Heck 反应

七、参考文献

1. Xie J Q，Liang R X，Jia Y X. Recent advances of catalytic enantioselective heck reactions and reduc-

tive-heck reactions [J]. Chinese of Journal of Chemistry, 2021, 39: 710-728.

2. Christoffel F, Ward T R. Palladium-catalyzed heck cross-coupling reactions in water: A comprehensive review [J]. Catalysis Letters, 2018, 148: 489-511.

3. Beletskaya I P, Cheprakov A V. The heck reaction as a sharpening stone of palladium catalysis [J]. Chemical Reviews, 2000, 100: 3009-3066.

实验十七

席夫碱为配体的镍的化合物制备

一、实验目的

1. 掌握席夫碱配合物的合成及制备方法。
2. 掌握席夫碱配合物合成的机理。
3. 了解席夫碱配合物及金属席夫碱配合物的应用。

二、实验原理

席夫碱（英文名：Schiff base）也称希夫氏碱、西佛碱。席夫碱主要是指含有亚胺或甲亚胺特性基团（—RC ═N—）的一类有机化合物，通常席夫碱是由胺和活性羰基缩合而成的。席夫碱及其金属配合物中不仅含有—RC ═N—特性基团，而且可引进 O、S 等含孤对电子的杂原子，也可以引进其他特殊官能团，这导致其有不同种类的席夫碱和多种特性，使其在催化领域、医药领域、功能材料领域和光致色变及抗腐蚀领域等具有广泛的应用和重要的研究价值。本实验采用水杨醛与乙二胺反应制备席夫碱，后与金属镍配位得到以席夫碱为配体的镍的化合物，具体反应式为：

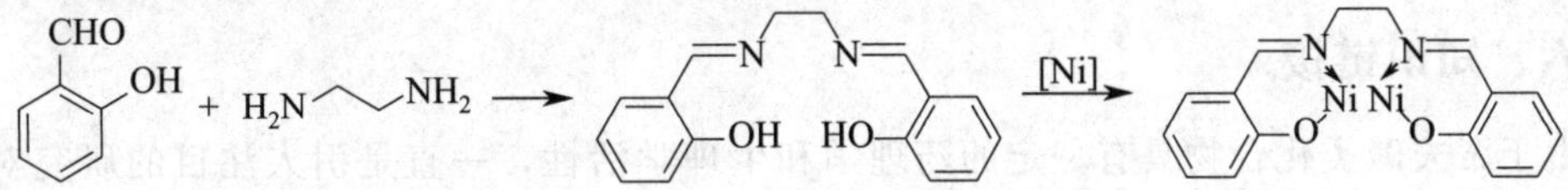

三、实验仪器与药品

1. 仪器

圆底烧瓶、球形冷凝管、三口烧瓶、抽滤瓶、布氏漏斗、电动搅拌器、蒸馏装置、抽滤装置、滤纸、熔点测定仪、红外光谱仪、紫外-可见分光光度计、核磁共振谱仪。

2. 药品

水杨醛、无水乙醇、乙二胺、六水合氯化镍、乙酸乙酯。

四、实验步骤

1. *N*,*N*′-双水杨醛缩连氮席夫碱配体的制备

在 100 mL 圆底烧瓶中，加入 0.02 mol（1.2 g）乙二胺和 10 mL 无水乙醇，然后在不断搅拌下，向其中加入含有 0.04 mol（4.48 g）水杨醛的 50 mL 无水乙醇溶液，有黄色沉淀析出，过滤，滤饼用乙酸乙酯重结晶，真空干燥，得最终产品，称量，计算产率。

2. N,N'-双水杨醛缩对乙二胺席夫碱镍配合物的制备

称取六水合氯化镍 0.48 g（2 mmol）溶解于 10 mL 水中配制氯化镍溶液。称取制备的席夫碱配体 0.59 g（2.2 mmol）溶解于 10 mL 热乙醇溶液中。将席夫碱乙醇溶液逐滴加入氯化镍水溶液中，溶液立即变为褐色，继续搅拌 3 h。过滤，用 1∶1 乙醇-水溶液洗涤，真空干燥，得到配合物为褐色固体，称重，计算产率。

五、席夫碱配体和镍化合物的表征

1. 熔点测定

N,N'-双水杨醛缩连氮席夫碱配体为淡黄色针状晶体或结晶性粉末。m.p. 为 271～272 ℃。

2. 红外光谱分析

仪器名称：红外光谱仪。

测试方法：KBr 压片法，在 4000～400 cm^{-1} 范围内测定化合物的红外光谱。

3. 紫外光谱分析

仪器名称：紫外-可见分光光度计。

测试方法：配体溶解于二氯甲烷中，金属配合物溶解于 N,N-二甲基甲酰胺（DMF）中。

4. 核磁共振谱

仪器名称：核磁共振谱仪

测试溶剂：氘代氯仿。

六、知识链接

由于席夫碱类化合物具有一定的药理学和生理学活性，一直是引人注目的研究对象。席夫碱化合物具有很好的抗菌、抗真菌作用。例如对金黄色葡萄球菌、革兰氏阳性菌、枯草杆菌、大肠杆菌和革兰氏阴性菌均有很好的杀菌效果；对新型隐球菌和白色念珠球菌也有很好的抑制作用。同时，这些化合物均对超氧阴离子自由基有较好的抑制。席夫碱类化合物及其金属配合物在医学、催化、分析化学、腐蚀以及光致变色等领域有重要应用。在医学领域，席夫碱具有抑菌、杀菌、抗肿瘤、抗病毒的生物活性；在催化领域，席夫碱的钴和镍配合物可作为催化剂使用；在分析化学领域，席夫碱作为良好的配体，可以用来鉴别、鉴定金属离子和定量分析金属离子的含量；在腐蚀领域，某些芳香族的席夫碱经常作为铜的缓蚀剂；在光致变色领域，某些含有特性基团的席夫碱也具有独特的应用。

七、参考文献

1. 江建林，秦冰，赵琳，等．水杨醛双席夫碱-镍配合物的合成及其催化稠油改质研究［J］．科学技术与工程，2024，24（16）：6701-6709.

2. 刘蕊，常金萍，沙靖全，等．以含羟基席夫碱为配体的 Ni^{2+} 配合物的合成、结构及磁性研究［J］．佳木斯大学学报（自然科学版），2018，36（6）：941-945.

3. 张雅然，赵继全，何乐芹，等．新型席夫碱配体及其 Mn^{3+}、Fe^{3+}、Ni^{2+}、Cu^{2+} 配合物的合成与表征［J］．无机化学学报，2005，(12)：106-109，7.

实验十八

甘氨酸催化下串联合成香豆素-3-羧酸

一、实验目的

1. 掌握一种合成香豆素-3-羧酸的方法，巩固回流、抽滤等基础有机实验操作。
2. 通过 Knoevenagel 反应的机理推测可能产物，并通过反应结果来解释反应机理。
3. 探索以“学生为主体，教师为主导”的教学模式，提高学生对实验设计的积极性，强化学科探究能力，锻炼独立思考意识。

二、实验原理

香豆素-3-羧酸合成的机理如下：第一步，Knoevenagel 缩合反应。甘氨酸羧基中的质子活化水杨醛中的羰基，随后氨基作为亲核试剂进攻活化后的羰基，发生亲核加成并脱水得到亚胺中间体。该中间体迅速受到 1,3-二羰基化合物米氏酸上 α-碳的进攻，发生亲核加成，随后消除一分子甘氨酸，得到 Knoevenagel 缩合反应产物；第二步，由 Knoevenagel 缩合反应产物中的酚羟基进攻米氏酸结构中的羰基，发生加成消除即分子内酯交换反应得到中间体。随后在酸的催化下，发生消除反应，脱去一分子丙酮并得到最终产物香豆素-3-羧酸。

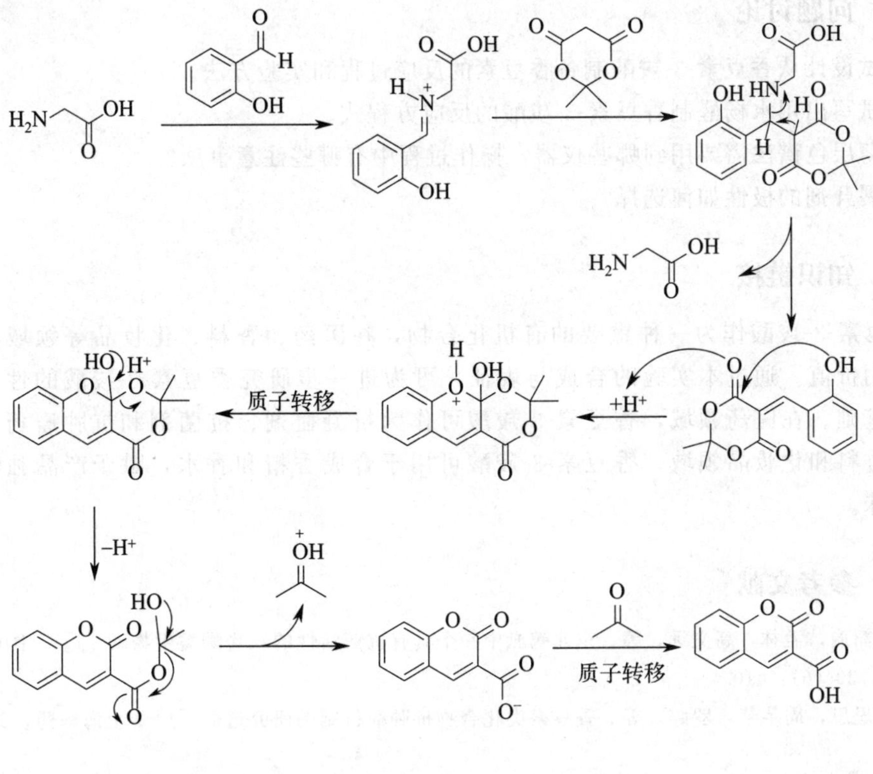

三、实验仪器与药品

1. 仪器

电热恒温鼓风干燥箱、油浴锅、磁力搅拌器、抽滤装置、电子天平。

2. 药品

丙二酸环(亚)异丙酯（米氏酸）、甘氨酸、水杨醛、石油醚（PE）、乙酸乙酯（EA）。

四、实验步骤

在 100 mL 梨形烧瓶中依次加入 2.16 g 米氏酸、0.25 g 甘氨酸、25 mL 水、1 mL 水杨醛和磁力搅拌子。将烧瓶放入油浴锅，开启搅拌，加热反应至回流。反应过程中，体系先变澄清，之后出现大量白色固体。反应 1.5 h 后，通过薄层色谱法监测反应，展开剂的极性选择为 $V_{PE}:V_{EA}=5:1$。通过薄层色谱法监测，原料水杨醛已经反应完全，停止反应，待体系温度降低至室温，缓慢倒入冰水中，并用玻璃棒搅拌约 5 min。待固体完全析出，减压抽滤，用少量冰水洗涤，重复 3 次。收集固体并烘干至恒重，称量固体质量，计算产率。

五、注意事项

1. 用冰水洗涤可以减少酸在水中的溶解。
2. 回流时要使液滴匀速滴落。
3. 展开剂的极性选择为 $V_{PE}:V_{EA}=5:1$。

六、问题讨论

1. 试设计从香豆素-3-羧酸制备香豆素的反应过程和实验方法。
2. 试写出用水杨醛制香豆素-3-羧酸的反应方程式。
3. 薄层色谱法需要用到哪些仪器？操作过程中有哪些注意事项？
4. 展开剂的极性如何选择？

七、知识链接

香豆素-3-羧酸作为一种重要的有机化合物，在医药、香料、化妆品等领域具有广泛的应用价值。通过本实验的合成与表征，可为进一步研究香豆素-3-羧酸的性质与应用提供基础。在医药领域，香豆素-3-羧酸可作为抗凝血剂、抗菌剂和抗肿瘤药物的前体。在香料和化妆品领域，香豆素-3-羧酸可用于合成香精和香水，赋予产品独特的气味和香味。

八、参考文献

1. 张韶瑜，孟林，高文远，等．东北鹤虱中一个具有抗菌活性的新喹酮类生物碱［J］．中国中药杂志，2005，30（6）：410.

2. 黄思思，周芊芊，罗婷，等．香豆素类化合物抗肿瘤机制的研究进展［J］．上海医药，2022，43

(1)：69.

3. 高雷雷，黄俊凯，何黎琴．香豆素-3-羧酸-烟酸前药的设计、合成及抗血小板聚集活性的研究［J］．化学世界，2014，55（7）：429.

4. 杨高文．基础有机化学实验有机化学部分［M］．南京：南京大学出版社，2010：159-160.

5. 史继诚，车如心．综合化学实验［M］．北京：北京交通大学出版社，2014：119-120.

第二章

生物医药化学

实验十九

淀粉酶与农药麦草畏的相互作用研究

一、实验目的

1. 了解一定 pH 值条件下麦草畏与淀粉酶的相互作用。

2. 学会用荧光光谱和紫外-可见吸收光谱技术，能够根据紫外-可见吸收光谱法测定出淀粉酶的活性。

3. 掌握 Stern-Volmer 方程，并根据方程计算出动态猝灭常数 K_{sv} 和猝灭速率常数 K_q。

二、实验原理

淀粉酶，又名黄曲霉，是水解酶的一种，是催化淀粉、糖原和糊精中糖苷键的一类酶的统称。该酶广泛分布于自然界中，几乎所有植物、动物和微生物都分泌淀粉酶，土壤、水体等处均可见其分布。淀粉酶根据分解淀粉部位的不同有多种分类。实验所用的是 α-淀粉酶，它是一种内切型淀粉酶，从淀粉内部随机切断 α-1,4-糖苷键，生成物除了麦芽糖，还有分子量较小的 α-1,4-葡萄糖等。该酶水解淀粉时产生的还原糖在光学结构上为 α 型，所以将此酶称为 α-淀粉酶。研究表明，纳米脂质体可以有效提高 α-淀粉酶的活性。随着纳米脂质体浓度的增加，α-淀粉酶的活性也增加。此外，Mn^{2+} 可以强烈激活淀粉酶的活性，Mg^{2+}、Zn^{2+} 等金属离子对淀粉酶活性的激活有一定作用，Na^{+}、Fe^{2+} 基本不影响酶的活性，Ba^{2+}、Hg^{+} 对酶的活性有抑制作用。

麦草畏（又名百草敌），化学名称为 3,6-二氯-2-甲氧基苯甲酸（图 1），是一种选择性除草剂，分子式为 $C_8H_6Cl_2O_3$，分子量为 221.04。麦草畏纯品为白色晶体，有微弱气味。麦草畏微溶于水，25 ℃时在水中的溶解度为 6.5 g/L，易溶于有机溶剂。工业上生产的麦草畏产品为淡黄色颗粒，熔点为 90～100 ℃。麦草畏的作用机理是破坏杂草激素平衡，导致杂草死亡。

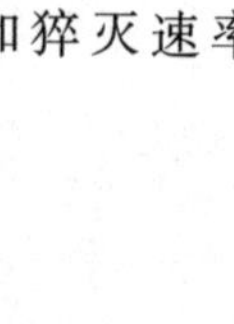

图 1　麦草畏的分子结构示意图

麦草畏低毒、高效和杀草谱广，广泛应用于小麦、玉米和水稻等禾本科作物农田除草。农业生物技术巨头孟山都公司构建了抗麦草畏大豆和棉花，并于 2015 年获得美国农业部批准上市，到2017年抗麦草畏大豆种植面积超过1.2亿亩，相应地，麦草畏使用量急剧增加。因此，研究麦草畏的降解过程和生态毒理具有重要的理论和实际应用价值。

由于农药、化肥的过度使用，环境污染越来越严重，为了监测土壤的污染程度，土壤中所含的酶与各类污染物的结合机理都需要科研工作者不断地进行研究。本实验利用荧光光谱法和紫外-可见吸收光谱法研究麦草畏与淀粉酶的相互作用，通过实验数据中荧光光谱的变化，分析麦草畏和不同金属离子与淀粉酶以及木聚糖酶是否发生反应，再根据紫外-可见吸收光谱的数据处理，探究淀粉酶与木聚糖酶的活性。

三、实验仪器与药品

1. 仪器

数显恒温水浴锅、电子天平、超级恒温水槽、荧光分光光度计、紫外-可见光谱仪、pH计、移液器、电热恒温鼓风干燥箱。

2. 药品

3,5-二硝基水杨酸（分析纯，98%）、酒石酸钾钠四水合物（分析纯，99%）、氢氧化钠（分析纯）、无水亚硫酸钠（分析纯）、结晶苯酚（分析纯）、柠檬酸（分析纯）、柠檬酸钠（分析纯）、无水乙醇（分析纯）、麦草畏（分析纯）、淀粉酶（分析纯，>90%）、麦芽糖（分析纯，95%）、淀粉（分析纯）、去离子水。

四、实验步骤

1. 溶液的配制

DNS（3,5-二硝基水杨酸）显色剂的配制：用电子天平准确称取3.1526 g的3,5-二硝基水杨酸，放于500 mL烧杯中，加入少量去离子水溶解，在恒温水浴锅45 ℃下加热搅拌，促进3,5-二硝基水杨酸溶解。溶解后，加入2 mol/L NaOH溶液131 mL，发现溶液由黄色变成黄棕色。接着，加入250 mL含有酒石酸钾钠92.5 g的溶液，充分搅拌。最后，依次加入2.5 g结晶苯酚和2.5 g亚硫酸钠，搅拌溶解，停止加热，冷却至室温，定容到500 mL。将溶液保存于棕色试剂瓶中。

柠檬酸-柠檬酸钠缓冲溶液的配制：在电子天平上准确称取5.2426 g柠檬酸和7.3547 g柠檬酸钠，分别用去离子水溶解，定容至250 mL。量取55 mL柠檬酸和145 mL柠檬酸钠于250 mL烧杯中，用氢氧化钠溶液调节pH=5.6，储存备用。

淀粉酶溶液的配制：在电子天平上准确称取0.0152 g淀粉酶，用少量pH=5.6的柠檬酸-柠檬酸钠缓冲溶液溶解，定容至100 mL，浓度为3.0×10^{-6} mol/L，4 ℃避光保存。

麦草畏溶液的配制：在电子天平上准确称取0.0145 g麦草畏，溶于10 mL乙醇中，配制成6.0×10^{-3} mol/L麦草畏溶液，转移至棕色试剂瓶中储存。再称取0.1330 g麦草畏，溶于10 mL无水乙醇，配制成6.0×10^{-2} mol/L麦草畏溶液，备用。

麦芽糖溶液的配制：称取0.05 g麦芽糖，用去离子水溶解，定容至50 mL，浓度为1 g/L。

淀粉溶液的配制：称取1 g淀粉，溶于100 mL pH=5.6的柠檬酸-柠檬酸钠缓冲溶液中，配制成1%的淀粉溶液。

2. 荧光光谱的测定

荧光光谱的测定是在LS-55荧光分光光度计上进行的，光源为脉冲式氙灯，发射波长λ_{em}为280～500 nm，激发波长λ_{ex}为280 nm；发射缝宽度和激发缝宽度分别为10.0 nm和4.0 nm，扫描速度为300 nm/min。不同温度下的荧光光谱的测定步骤如下：用吸量管移取2.5 mL 3.0×10^{-6} mol/L淀粉酶溶液于石英比色皿中，先进行荧光扫描。再用移液器加入5 μL 6.0×10^{-3} mol/L的麦草畏溶液，5 min后荧光扫描，观察荧光强度。将6.0×10^{-3} mol/L的麦草畏溶液稀释一定倍数，荧光扫描后差距适中时，则选用稀释后的麦草畏溶液与淀粉酶溶液进行反应。打开超级恒温水槽，温度控制为20 ℃（293 K）。用吸量管移取2.5 mL 3.0×10^{-6} mol/L淀粉酶溶液于石英比色皿中，预热后先进行荧光扫描。再用移液器逐次加入5 μL 3.0×10^{-3} mol/L的麦草畏溶液进行反应，连续加10次（累计滴加体积等于0.05 mL），每次加入5 μL麦草畏溶液后充分摇匀，反应5 min，在280 nm激发波长下进行荧光扫描，得到荧光光谱图。用同样的方法分别测定30 ℃（303 K）和40 ℃（313 K）情况下的荧光光谱图。

3. 不同离子的测定

打开超级恒温水槽，温度控制为25 ℃（298 K）。用吸量管移取2.5 mL 3.0×10^{-6} mol/L淀粉酶溶液于石英比色皿中，而后加入铜离子（3.0×10^{-4} mol/L），预热后先进行荧光扫描。再用移液器逐次加入5 μL 3.0×10^{-3} mol/L的麦草畏溶液进行反应，连续加10次（累计滴加体积等于0.05 mL），每次加入5 μL麦草畏溶液后充分摇匀，反应5 min，在280 nm激发波长下进行荧光扫描，得到荧光光谱图。用同样的方法分别测定铁离子、锌离子、镍离子（浓度均为3.0×10^{-4} mol/L）存在情况下的荧光光谱图。

4. 同步荧光光谱的测定

同步荧光光谱的测定是在LS-55荧光分光光度计上进行的，发射波长λ_{em}为200～400 nm，激发波长λ_{ex}为200 nm；发射缝宽度和激发缝宽度分别为10.0 nm和4.0 nm，扫描速度为300 nm/min。打开超级恒温水槽，温度控制为25 ℃（298 K），同时将$\Delta\lambda$改为20 nm。用吸量管移取2.5 mL 3.0×10^{-6} mol/L淀粉酶溶液于石英比色皿中，先进行同步荧光扫描。再用移液器逐次加入5 μL 3.0×10^{-2} mol/L的麦草畏溶液进行反应，5 min后进行同步荧光扫描。当完成全部一组扫描之后，再将$\Delta\lambda$改为60 nm继续扫描记录。每次扫描后及时记录数据。

5. 紫外-可见吸收光谱的测定

标准曲线的测定：洗干净7支试管，烘干，编号。分别移取0.2 mL、0.6 mL、1.0 mL、1.4 mL、1.8 mL、2.0 mL的麦芽糖溶液于6支试管中，第1支试管加入去离子水。移取1 mL DNS溶液于7支试管中，在沸水中反应10 min，冷却到室温。最后定容至10 mL。室温下，向石英比色皿中加入去离子水作为参比液，用于背景扣除。接着，逐次向石英比色皿按浓度由小到大的顺序加入麦芽糖溶液，测定520 nm下的吸光度。根据记录的数据作标准曲线。

6. 淀粉酶活性的测定

洗干净 7 支试管，烘干，编号。向 7 支试管中各加入 2 mL 淀粉溶液。然后，第 1 支试管加入 0.5 mL 去离子水作为参比液，剩余 6 支各加入 0.5 mL 淀粉酶溶液。再向加入淀粉酶的试管中分别加入 0、7.5 μL、15 μL、37.5 μL、60 μL、75 μL 的麦草畏溶液，充分摇匀。在 40 ℃的温度下反应 10 min 后，冷却，向每支试管中加入 2 mL DNS 溶液，在沸水中反应 10 min，冷却至室温。最后定容至 15 mL。室温下，向石英比色皿中加入去离子水作为参比液，用于背景扣除。逐次向石英比色皿按编号加入淀粉酶与淀粉反应后的溶液，测定 520 nm 下的吸光度。作图，根据标准曲线计算出淀粉酶的活性。

五、问题讨论

1. 举例三种以上常用的农药。
2. 如何判断麦草畏对淀粉酶和木聚糖酶的荧光猝灭类型？
3. 麦草畏是如何与淀粉酶作用的？
4. 对实验改进有哪些设想和建议？

六、知识链接

近年来，随着工业化的快速发展，各种废液和废气的排放、各种农药和化肥的滥用，致使环境问题不断恶化。在我们的生活中，衣、食、住、行各个方面都离不开科技。就拿食物来说，我们所吃的东西几乎都生长于土地，为了植物能够健康生长，农民会经常使用农药。而工农业生产的农药会对土壤造成严重的污染。常见的农药有除草剂百草枯、敌草快、麦草畏等；还有杀虫剂吡虫啉、敌百虫、螟蛉畏等。土壤中有多种酶的存在，如蚯蚓纤溶酶、淀粉酶、木聚糖酶等。生物监测利用指示生物对毒物的多种响应来评价毒物对生物环境的影响程度。类比生物监测的方法，可以利用土壤中常见的淀粉酶与木聚糖酶监测土壤环境的污染状况。麦草畏是一种高效除草剂，随着抗麦草畏转基因作物的推广和使用，麦草畏的使用量急剧增加。

七、参考文献

1. 谭海军，田琳．麦草畏的开发及应用进展综述［J］．农药研究与应用，2010，(6)：5.

2. 罗志刚，杨景峰，罗发兴．α-淀粉酶的性质及应用［J］．食品研究与开发，2007，28 (8)：163-167.

3. 许金钩，王尊本．荧光分析法［M］．北京：科学出版社，2006.

4. 周秋华，王彦卿，张红梅，等．吡虫啉与牛血红蛋白的相互作用［J］．分析测试学报，2007，26 (3)：368-372.

5. Yue L M，Lee J，Zheng L，et al. Computational prediction integrating the inhibition kinetics of gallotannin on alpha-glucosidase［J］. Int. J. Biol. Macromol.，2017，103：829-838.

实验二十

巨噬细胞的培养与代谢组学分析

一、实验目的

1. 掌握细胞活化、传代培养和冻存的基本操作流程，学会用倒置显微镜观察细胞形态。

2. 学会提取细胞代谢物的技术，掌握代谢组学技术的原理与方法。

3. 初步了解代谢分析技术，学会用多元统计分析代谢轮廓变化。

二、实验原理

从生物体内取出组织或细胞，在人工培养条件下使其生存、繁殖或传代，这一过程称为细胞培养。细胞培养技术的最大优点是可以直接观察活细胞，并且在可控的环境条件下进行实验，避免了体内实验的复杂因素，已成为生物相关实验研究的重要手段。细胞培养可分为原代培养和传代培养，原代培养为直接从体内获取的组织细胞首次培养，当原代细胞增殖后，需要再次从一个容器转到其他容器扩大培养，为传代培养。细胞培养要求无菌操作，对实验环境和操作人员要求较高。

代谢组学（metabolomics）表现的是一个生物体系中的所有代谢物（主要是分子量小于1000的小分子代谢物）的定量水平，可反映生物体系的整体情况。代谢物的浓度是基因与表型变化的敏感标记物，是基因调控生物体代谢过程的最终结果。通过代谢组学分析，可挖掘潜在机制，提供重要的生物标记物。相比于基因组学和蛋白质组学，代谢组学更敏感，也更直观。基因组的改变最终也许不能表达，就不会引起代谢的变化；蛋白质组的改变可能由环境因素导致，但这种蛋白质若不表达活性，也不会导致代谢物改变。此外，某个基因或某些蛋白质的功能会有其他措施代替补救，导致此基因或蛋白质的变化并不改变生物系统的代谢状态。但小分子代谢物直观地反映代谢状态的改变，可直接表现生理与病理状态的区别。细胞代谢组学研究的过程一般分为细胞的培养与刺激、代谢物的提取、代谢物的检测以及统计分析数据四个部分。代谢组学常用的检测技术为核磁共振（NMR）和色谱-质谱联用（GC-MS、LC-MS）技术。数据分析包含各种分析软件的数据提取、预处理、多元统计分析及特征筛选。

多元统计分析包含非监督性学习方法和监督性学习方法。非监督性学习方法是使用原始信息直接鉴别样本和代谢物，对其进行判别分析，不用任何关于样本的背景干预，相对客观。这种类型的分析可以建立代谢产物与原始信息之间的直接联系。但会引起分类效果不好，可能找不到潜在的生物标志物，这类方法主要有主成分分析法（principal components analysis，PCA）和簇类分析法。监督性学习方法可建立类别间的数学模型，一般预先设定 Y 值用于目标分类和判别，可用于放大组间差异，并对未知的样本进行预测。但此方法需要注意不能过拟合，防止分类信息失去客观真实性，此类方法常用的是偏最小二乘法-判别分析（partial least squares-discriminant analysis，PLS-DA）。

PCA 和 PLS-DA 可以得到得分图（score plot）、散点图（S-plot）和负载图（loading plot），得分图表示分类的差别情况，散点图表示样本中差距明显的物质分散情况，负载图表示的是样品中代谢物对分类的贡献大小，从而找到可作为生物标志物的变量。

三、实验仪器与药品

1. 仪器

分析天平、二氧化碳培养箱、氮吹仪、超净工作台、倒置显微镜、微量高速离心机、恒温水浴锅、立式压力蒸汽灭菌锅、涡旋振荡仪、−80 ℃超低温冰箱、冷冻干燥机、核磁共振仪、康宁（Corning）细胞培养皿。

2. 药品

1640 不完全培养基、胎牛血清、青霉素、链霉素、胰蛋白酶、0.25% EDTA、二甲亚砜（DMSO）（分析纯）、磷酸氢二钠（分析纯）、磷酸二氢钾（分析纯）、氯化钠（分析纯）、氯化钾（分析纯）、corning 细胞培养皿、2,2-二甲基-2-硅戊烷-5-磺酸钠（TSP）、乙腈（分析纯）。

四、实验步骤

1. 细胞培养

使用 RPMI1640 培养基培养巨噬细胞 RAW264.7，含有 10%胎牛血清和双抗（100 μg/mL 青霉素和 100 μg/mL 链霉素）。恒温细胞培养箱的温度为 37 ℃，二氧化碳浓度为 5%。

（1）血清的灭活

本实验选用胎牛血清，来自杭州四季青公司，买回来时经过灭菌处理，但需要灭活，破坏血清中的补体，否则对细胞具有溶血作用，通过 56 ℃ 30 min 灭活后，补体失去活性，对细胞就没有破坏作用了，在此期间需要持续轻轻晃动血清，保证受热均匀。

（2）细胞的复苏与冻存

细胞复苏步骤（所有过程确保无菌）：37 ℃水浴 RPMI1640 培养基，−80 ℃拿出冻融细胞，立即放置在 37 ℃水浴中来回晃动至融化，将细胞在超净台中转移至干净 1.5 mL 离心管，1800 r/min，10 min 离心，收集细胞，去上清液，加入 1 mL 新培养基，分装，各取 0.5 mL 加入 60 mm 细胞培养皿，加培养基至 5 mL；用移液器来回吹打混匀，倒置显微镜下观察无问题后，放入二氧化碳培养箱。

细胞冻存步骤（所有过程确保无菌）：37 ℃水浴胰蛋白酶、RPMI1640 培养基，取长满一小碟的对数生长期的细胞，吸取废培养基，磷酸盐缓冲液（PBS）洗涤 2 次，加 500 μL 胰蛋白酶，37 ℃消化 3～5 min（不同细胞胰蛋白酶的用量与时间不同，此处为本实验中所用），在显微镜下观察到细胞收缩变圆，绝大部分细胞呈现游离状态即可。加 500 μL 新培养基中止反应，转移至新的离心管，离心 1800 r/min，10 min，收集细胞，去上清液，加入新的 900 μL 培养基重新悬浮，加入 100 μL DMSO，混匀，转移至冻存管，标注时间、名称；程序降温冻存，4 ℃，40 min，缓慢降温；−20 ℃，40～60 min，不能超过 1 h，否则会使细胞的胞内冰晶增大，细胞损伤严重；−80 ℃ 冻存；之后最好放在液氮罐中永久冻存。

（3）细胞传代（所有过程确保无菌）

细胞传代是指细胞在瓶内生长一段时间后，需要进行分离再培养。否则会因细胞密度过大、营养不足而导致细胞衰老或停止生长。一般来说，原代的正常细胞传代不超过 10 代，而癌细胞可无限增殖。黑色素细胞和黑色素瘤细胞均是贴壁细胞，选用下面的步骤：

37 ℃水浴胰蛋白酶、RPMI1640 培养基，拿出细胞，吸取废培养基，PBS 洗涤 2 次，加 500 μL 胰蛋白酶，37 ℃消化 3～5 min，在显微镜下观察到细胞收缩变圆，绝大部分细胞呈现游离状态即可，加 500 μL 新培养基中止反应，分装至 3 个新的培养皿，加培养基至 5 mL，反复吹打细胞后，重新放入培养箱。

2. 细胞代谢物提取

（1）制备细胞提取液

胰蛋白酶消化细胞，1800 r/min 离心 5 min，用 PBS 重悬后再离心，收集细胞，用血球计数板计数，每种细胞平行分散到 6 个离心管，每个离心管细胞数为 10^6，再转移至新的培养皿，稳定过夜后，吸去废培养基，向装有细胞的培养皿中加入 1 mL 预冷的 50%乙腈，刮出细胞至离心管，涡旋后在冰盒上提取 10 min。离心（4 ℃，12000 r/min，8 min），取上清液于 2 mL 离心管中。

（2）制备细胞核磁样本

用氮吹仪将离心管中液体吹至体积为 0.5 mL 左右，置于液氮中速冻后，放入−80 ℃冰箱中冷冻。之后冷冻干燥完全成粉末，将冻干的样品放入−80 ℃保存。进行 NMR 实验之前，将冻干的样品取出，加入 550 μL 磷酸缓冲盐（0.2 mol/L，pH＝7.0，包含 0.05% TSP）的重水溶液，溶解离心（4 ℃，12000 r/min，10 min），取上清液于 5 mm 核磁管中。

（3）进行核磁实验

利用 AVANCE Ⅲ 500 MHz 核磁共振谱仪中采集数据。测试温度为 292.2 K，重水（D_2O）锁场，样品中加入内标物 TSP，用于化学位移零点校正（^1H，δ 为 0.00）。采用横向（垂直主磁场方向）弛豫编辑过的脉冲序列 call-purcell-meiboom-gill（CPMG）序列［RD-90（τ-180-τ）n-ACQ］和 10 ms 的自旋回波延迟（2 $n\tau$），用来压制大分子蛋白信号。累加次数（NS）为 128 次，采样时间（AQ）为 8 min，采样点数（TD）为 32 K，频谱宽度为 10000 Hz。

3. 代谢物数据处理

① 使用 Topspin 软件对核磁谱图进行调零、相位校正和基线校正，后用 MestReNova 软件导出 ASCII 文件，之后导入 R 软件进一步基线校正、相位校正，并将 4.5～5.45 ppm 之间的水峰去除，在 0.2～10 ppm 之间以 0.015 ppm 为平均区间进行自适应分段积分，并标准化、归一化处理。

② 做正交信号校正，滤除无关变量，提高数学模型的准确性。之后用模式识别分析（PCA、PLS-DA），用相应的得分图与负载图来寻找有明显变化的代谢物，负载图中红色

表示变化显著，蓝色表示变化不显著。模型的拟合能力用 R^2Y 评估，预测能力用 Q^2Y 描述。负的或者非常低的 Q^2Y 值表明：模型过拟合，没有统计学意义。反之，R^2Y 和 Q^2Y 越大，表明模型的拟合能力和预测能力越好。

③ 对照负载图与原始谱图，寻找差异较大的变量，使用 Chenomx Profiler 软件，参照代谢组数据库（HMDB、MMCD）对差异变量谱峰进行化合物的指认，最后用计算的二维核磁共振技术（STOCSY）确定代谢物。统计代谢物的变化倍率，用 Benjamini 和 Hochberg 的方法检验显著性，并用彩图直观表现。

五、问题讨论

1. 代谢组学、转录组学和蛋白组学的优缺点各是什么？
2. 细胞冻存中冻存液的目的是什么？细胞培养为什么要快融慢冻？
3. 细胞培养血清为什么需要灭活？
4. 代谢组学技术的检测手段各有什么优缺点？

六、知识链接

巨噬细胞（macrophages）是构成动物先天免疫屏障的一个重要组成部分，它的吞噬和消化功能称为噬菌作用，是对细胞残片、病原体进行吞噬清除的机制。巨噬细胞同时也作为抗原呈递细胞（antigen presenting cells，APCs）控制机体的炎症反应和免疫应答。巨噬细胞对机体的免疫系统非常重要，它在机体内发挥监视、防御、抗原呈递、调节以及清除凋亡细胞等功能，是机体免疫防御的第一道防线。不同组织中的巨噬细胞会根据其所处的微环境的变化而被活化成不同的巨噬细胞亚型类型，例如 M1 巨噬细胞和 M2 巨噬细胞。M1 巨噬细胞能够产生促炎反应并产生促炎相关因子。相反，M2 巨噬细胞能够抗炎症反应并修复受损组织。巨噬细胞在识别到组织受到感染后，首先会极化成 M1 巨噬细胞，促进炎症反应，以达到对入侵组织病原体的清除；随后，需要对受损的组织进行修复，此时，巨噬细胞会极化成 M2 表型，并触发抗炎反应。研究发现，植物多糖的免疫调节作用与活化巨噬细胞密切相关。微生物成分脂多糖（LPS）可驱动巨噬细胞极化至 M1 表型，而白细胞介素 4（IL-4）可诱导巨噬细胞极化至 M2 表型。

七、参考文献

1. 刘斌．细胞培养［M］．北京：世界图书出版公司，2018.

2. Beckonert O, Keun H C, Ebbels T M, et al. Metabolic profiling, metabolomic and metabonomic procedures for NMR spectroscopy of urine, plasma, serum and tissue extracts［J］. Nature Protocols, 2007, 2（11）：2692-2703.

3. Kloosterman D J, Akkari L. Macrophages at the interface of the co-evolving cancer ecosystem［J］. Cell, 2023, 186（8）：1627-1651.

实验二十一

大黄酸对大肠杆菌和金黄色葡萄球菌生长的影响研究

一、实验目的

1. 掌握细菌的不同培养方法。
2. 研究大黄酸对大肠杆菌和金黄色葡萄球菌生长的影响。
3. 探究大黄酸在治疗腹泻中的潜在抑菌机制。

二、实验原理

大肠杆菌（*Escherichia coli*）是人和动物肠道中最主要和数量最多的一种细菌，是一种常见的革兰氏阴性菌，隶属于埃希氏菌属，主要寄生于大肠内。其形态特征为两端钝圆，周身具有鞭毛的短杆菌。一般不致病，但某些类型的菌株可以导致人体胃肠道、尿道和多种组织器官感染。其引起感染的方式主要是部分血清型的特定菌毛抗原和致病性毒素等。大肠杆菌是我国常见的食源性致病菌，其虽然普遍分布但又有一定的区域性差异。人感染大肠杆菌通常受经济发展状况和当地公共卫生条件的影响。动物感染大肠杆菌主要受养殖条件的影响，其中猪大肠杆菌病分布广泛，发病率高，传染性较强。其他动物感染大肠杆菌无时间的季节性，不明显。人感染大肠杆菌主要是因为在胃肠道感染患者的粪便中有大量大肠杆菌作为病原体排至体外。大肠杆菌在人与人之间的传播途径多是粪-口传播，在一定的条件下可引起大肠杆菌病的散发或流行。

金黄色葡萄球菌（*Staphylococcus aureus*，*S. aureus*）是常见的食源性致病性微生物，为典型的革兰氏阳性菌，隶属于葡萄球菌属。其形态特征为球形，培养基中菌落表现为光滑，颜色通常为金黄色，无芽孢和鞭毛等结构。在哥伦比亚血平板中培养金黄色葡萄球菌，在光下观察菌落会发现透明的溶血圈。金黄色葡萄球菌对于高温和高盐环境有一定的耐受能力。常寄生于人体的皮肤、口腔、消化道等组织器官。根据美国疾控中心的报道，近年来由金黄色葡萄球菌引起的感染仅次于大肠杆菌，位居第二。其流行病学具有明显的季节性特征，春夏季是金黄色葡萄球菌感染的高发季节。易引起金黄色葡萄球菌中毒的食物种类多，包括禽类、肉类、蛋类、奶类及其相关制品。此外，由于抗生素的滥用，部分菌株对甲氧西林和苯唑西林等药物产生耐药性，即形成耐甲氧西林金黄色葡萄球菌（*Methicillin-resistant Staphylococcus aureus*，MRSA），已成为当前流行的主要病原菌之一。在食品的各个加工阶段均可能发生金黄色葡萄球菌的污染，食品加工前原料可能本身就携带金黄色葡萄球菌；食品加工过程中可能由于消毒不彻底等原因产生污染；食品加工后的阶段，如运输、贮藏等过程中可能会发生交叉污染。

大黄酸是一种广泛存在于大黄、何首乌、番泻叶等中药中的有机化合物，分子式为 $C_{15}H_8O_6$，系统命名法命名为1,8-二羟基蒽醌-3-羧酸或4,5-二羟基蒽醌-2-羧酸。其结构式如下。

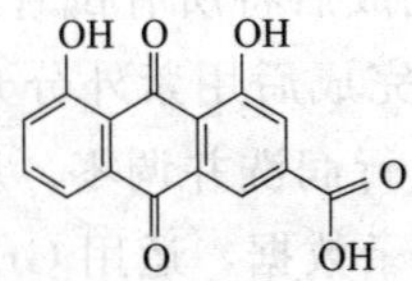

大黄酸是一种黄色针状结晶化合物，几乎不溶于水，但能溶于二甲基亚砜（DMSO）、吡啶和碳酸氢钠水溶液，微溶于苯、石油醚、氯仿、乙醇等有机化合物。大黄酸作为中药大黄的有效提取物，现已证明在抗肿瘤、抗菌、抗病毒、调脂、降糖等方面有显著的药理活性。其广泛的药理作用为大黄酸进一步的临床应用提供了支持。目前，大黄酸在医学上常见的临床应用是作为原料用于合成治疗关节炎的良药双醋瑞因，是骨关节 IL-1 的重要抑制剂。可诱导软骨生成以及显著改善骨关节炎患者的关节功能，在具有良好安全性的基础上明显提高相关疾病患者的生活质量。此外，张红敏等进行的小鼠实验表明，双醋瑞因具有体内抗金黄色葡萄球菌角膜炎的活性，有望应用于感染金黄色葡萄球菌的角膜炎患者的治疗。

三、实验仪器与药品

1. 仪器

立式压力蒸汽灭菌器、L6S 紫外-可见分光光度计、电热数显恒温水浴锅、YB-P 电子天平、NH-25BS 电热恒温培养箱、THZ-92 气浴恒温振荡器、移液器、光学显微镜、试管、试管架、量筒、烧杯、1.5 mL EP 管、酒精灯、涂布器、无菌培养皿、载玻片若干。

2. 药品

LB Broth（A507002-0250）琼脂粉、DMSO（二甲基亚砜，22130863）、大黄酸（HY-N0105）、革兰氏染色液、大肠杆菌 ATCC 25922、金黄色葡萄球菌 ATCC 29213。

四、实验步骤

1. 大黄酸母液的配制

无菌条件下将 100 mg 大黄酸溶于 35 mL DMSO 中配制成 10 mmol/L 母液，分装后冻于－20 ℃冰箱备用。

2. 液体培养法

称取 5 g LB Broth 粉末溶于 200 mL 蒸馏水配制 LB 液体培养基，按每管 3 mL 分装至各试管中。在 121 ℃，15 min 的条件下进行高压蒸汽灭菌。灭菌结束后置于室温下备用。

为保证各组的总体积为 3 mL，在超净工作台内用微量移液器吸取掉与加入的大黄酸同等体积的 LB 液体培养基，再按设置加入不同体积的大黄酸母液。大黄酸处理大肠杆菌的浓度梯度为 10 μmol/L、33 μmol/L、100 μmol/L、333 μmol/L 和 1 mmol/L。以不加大黄酸组作为空白对照组，每组重复 3 次。再以不含大黄酸的 DMSO 作为阴性对照，每组重复 3 次。用微量移液器按 1∶1000 向各试管中接种 3 μL 菌液。以不添加大黄酸或

DMSO 的组作为空白对照组。接种完成后将所有试管置于恒温振荡培养箱中，在 37 ℃，120 r/min 的条件下培养 14 h。培养完成后用紫外分光光度计检测培养液的 OD 600 nm 值，比色皿预先用无菌 LB 培养液进行润洗并调零。从各组中取 2 mL 菌液于比色皿中，从低浓度向高浓度依次进行测量并记录数据，运用 GraphPad Prism 对实验结果进行统计学分析。

3. 革兰氏染色镜检

① 制片：吸取 2 滴菌液于载玻片上，利用酒精灯火焰进行干燥固定。

② 初染：滴加草酸铵结晶紫染液（R1）染色约 1 min，水洗。

③ 媒染：滴加革兰氏碘液（R2）约 1 min，水洗。

④ 脱色：滴加 95%乙醇（R3）约 25 s，水洗直至无紫色流出。

⑤ 复染：滴加番红染色液（R4）约 1 min，水洗。

⑥ 镜检：待载玻片干燥后运用显微镜进行检验并拍照。

4. 平板培养法

称取 12.5 g LB Broth 粉末溶解于 500 mL 蒸馏水中，按照每一管中 15 mL 分装至各试管中，每管中再加入 0.225 g 琼脂粉（1.5%），配制完成后在 121 ℃、15 min 的条件下进行高压蒸汽灭菌。灭菌完成后置于电热数显恒温水浴锅中备用，防止凝固。

取 10 μL 金黄色葡萄球菌和大肠杆菌菌液接种至新的 LB 液体培养基中，转移至恒温振荡培养箱中，在 37 ℃，120 r/min 的条件下振荡培养 2 h。然后，取 1 滴菌液用 25×16 规格的血细胞计数板观察计数，计算，得菌液浓度为 8×10^5 cfu/mL。取 15 μL 菌液于 1.5 mL 离心管中，加入 1.185 mL LB 液体培养基，使稀释后的菌液浓度约为 1000 cfu/mL。

本实验设置实验组 5 组，空白对照组 1 组。每种浓度的大黄酸设置 3 次重复。平板培养法中大黄酸处理大肠杆菌的浓度梯度为 10 μmol/L、33 μmol/L、100 μmol/L、333 μmol/L 和 1 mmol/L。超净工作台中向每一实验组的试管中加入对应浓度的大黄酸，将培养基倒入无菌培养皿中，待培养基凝固，然后，用微量移液器吸取 100 μL 稀释后的菌液转移至固体培养基，用涂布器将菌液在平板上涂布均匀。待实验组和对照组全部接种并涂布完成后，将各组培养皿转移至恒温培养箱中，在 37 ℃的条件下培养 14 h。第二天取出各组培养皿进行菌落观察并拍照记录。

五、问题讨论

1. 大黄酸对大肠杆菌和金黄色葡萄球菌的抑菌作用有何差异？
2. 实验中使用的液体培养法和平板培养法分别有何特点和优劣？
3. 如何进一步确认大黄酸对大肠杆菌和金黄色葡萄球菌的抑制作用机制？

六、知识链接

腹泻（diarrhea）是一种常见症状，是由多病原、多因素引起的以肠道运动频率加快、粪便含水量增加为主要临床表现的一组疾病的总称。它并不是一种独立的疾病，而是很多疾病的共同表现，可以同时伴有呕吐、发热、腹胀等异常症状。常见的腹泻可分为急性腹泻和慢性腹泻两类，急性腹泻发病急剧，病程在 2～3 周之内。慢性腹泻指病程在两个月以上或间歇期在 2～4 周内的复发性腹泻。腹泻可直接引起脱水、营养不良等，具体表现为皮肤干燥、眼球下陷、舌干燥、皮肤皱褶。腹泻会导致机体内部水盐平衡调节紊乱，严重者甚至因脱水而死亡。腹泻病是一种可防、可控、可治的疾病，改善卫生条件和接种疫苗均是科学有效的方法。

腹泻的病因来源十分广泛，急性腹泻的常见原因包括病毒感染（如诺如病毒等）；细菌感染（如大肠杆菌、金黄色葡萄球菌等）；寄生虫感染（如溶组织阿米巴原虫等）；河豚毒素等导致的食物中毒；泻药和胆碱类药物等的副作用；溃疡性结肠炎等疾病。慢性腹泻病因较急性腹泻复杂，包括肠道疾病、肠道肿瘤、肠易激综合征和全身疾病等。

大部分的腹泻患者因为致病微生物感染，轻症患者经过适当休息、对症治疗均可以自行痊愈。较为严重的腹泻患者则需要进行抗感染治疗或静脉补液等以维持机体内部水盐和电解质平衡。致病微生物感染肠道导致的腹泻必须进行抗感染治疗，尤其是对病原体进行有针对性的抗菌或者抗病毒治疗。若按照常见的腹泻原因治疗未好转时，则要考虑某些不常见的病因，尽快找到腹泻的病因进行对症治疗。

七、参考文献

1. 殷泽禄，万虎．大肠杆菌的研究综述［J］．甘肃畜牧兽医，2019，49（5）：33-35.

2. 许文，杨联云．耐甲氧西林金黄色葡萄球菌流行病学和耐药机制研究进展［J］．检验医学与临床，2013，10（1）：75-78.

3. 乔乖萍．中药大黄中大黄酸的提取、衍生化及抑菌活性的研究［J］．西安：陕西科技大学，2022.

实验二十二

基于 MOFs 材料纳米载药输送体系的制备与表征

一、实验目的

1. 了解金属有机框架（metal organic frameworks，MOFs），学习纳米级 MOFs 材料 ZIF-90 和氨萘非特（amonafide，ANF）药物的合成及表征。

2. 学会用 X 射线衍射、电镜粒径分析和红外光谱分析等技术。

3. 学会利用荧光光谱仪探究载药体系对 ATP 的响应情况。

二、实验原理

近年来，纳米材料迅速发展，越来越多的纳米材料被运用于各个方面，如作为抗肿瘤药物递送的载体。纳米药物载体的出现，为肿瘤治疗提供了新方向。纳米技术通过提高载药量和靶向性等手段，降低药物毒性，极大程度上改善了传统抗癌药物在癌症治疗中的副作用。

1995 年，美国加州大学伯克利分校的 Yaghi 教授团队合成了一种由均苯三甲酸与过渡金属 Co 组成的二维结构配位化合物，他们将这种材料称为金属有机框架（metal organic frameworks，MOFs），并且首先在 *Nature* 上发表了相关研究进展。MOFs 是一种含有氧、氮等有机配体和金属离子通过自组装制成的配位聚合物，它是一种内部具有大量空腔的新型材料。在近年来，MOFs 材料在各个领域的发展都十分迅速，相比于传统的无机纳米材料如碳纳米点、硅石等，MOFs 的组成种类繁多，有大量的空间结构、孔径孔隙等可以调节，比表面积大，而且还能够对它进行特定的功能化修饰，因而受到广泛关注。到目前，MOFs 材料的合成方法也非常多，包括微波法、溶剂热法、扩散法等。

因为 MOFs 具有比表面积大和多种多样的空间结构等优异的性质，所以它被广泛应用于化学催化、气体储存和生物传感等领域。2006 年，Ferey 及其团队使用以铬（Cr）为金属中心的 MOF，用 MIL-100 和 MIF-101 包载药物布洛芬，这是首次报道用 MOFs 材料作为药物载体。这两种 MOFs 材料的孔尺寸不同，它们的载药量因此也不相同，前者相比后者尺寸较小，药物的负载量也较小，说明 MOFs 的可调孔径特性可以用作药物的载体。当 MOFs 材料的尺寸达到纳米级别时就会形成纳米级金属有机框架（nano-MOFs，NMOFs）材料。将 NMOFs 应用于纳米级的生物学领域时，其会展现出比 MOFs 更加优良的效果，这使得它们更能够成为药物输送的理想载体。然而，NMOFs 材料的可生物降解性也为其作为药物载体带来了问题，因为其可降解性会导致空腔里承载的药物因降解而提前释放，不能递送到病灶部位，从而影响了药物的作用，故而，研究具有刺激响应性分解的 MOFs 材料才是关键。

由于比表面积大而且在水中的稳定性好，沸石备受研究人员们的青睐。在沸石晶体内，每一个分子都手把手地紧密连接在一起，这些分子这样连接的结果是在它们之间产生了大量的空腔，形成具有良好刚性的四面体氧化物骨架。因此，科学家们根据这一特性研制出沸石咪唑酯骨架结构（zeolitic imidazolate frameworks，ZIFs）。ZIFs 纳米材料就是 NMOFs 材料的一种，它是由二价金属离子如 Zn^{2+} 和咪唑及其衍生物自组装形成的。ZIFs 纳米材料在具有 MOFs 优点的同时还可以通过调整合成它的原料比例来改变其粒径和比表面的形态，此外，ZIFs 还能通过质子化效应使其裂解，这表明 ZIFs 纳米材料可以被用作是一种响应型纳米级的载药平台。例如，通过调节 ZIFs 中咪唑连接物的化学性质，来用作甲醛的荧光传感器，以及硫化氢的细胞内成像。ZIF-90 是由 Zn(Ⅱ) 和咪唑-2-甲醛（2-ICA）反应得到的具有 SOD 拓扑结构的材料。ZIF-90 的最基本单元由 2-ICA 与 Zn^{2+} 构成，其中每个 Zn^{2+} 都跟 4 个 2-ICA 环上的 N 原子配位，形成了一个正四面体的结构，以这些单独的正四面体结构为节点，通过 2-ICA 上的咪唑环相互连接，就构成了一个拥有正六面体晶体结构的配位化合物。ZIF-90 纳米粒子具有较大的比表面积、良好的生物相容性、能对异常水平 ATP 响应的特点，因此，它被认为是一种良好的药物载体。设计基于 ZIF-90 的一种响应型纳米级递送系统，可以有效减小抗癌药物对人体的毒害作用，实现药物治疗与光动力治疗一体化，有效减少因治疗方式单一而导致的机体损伤，同时提高治疗效果。

在生物体内，三磷酸腺苷（adenosine triphosphate，ATP）是一种非常重要的生物分子，它是生物体内最直接的能量来源。ATP 是一种极其不稳定的高能磷酸化合物，由一分子核糖、一分子腺嘌呤和三分子磷酸基团组成。在生物体内，细胞通过破坏 ATP 的磷酸氢酐键为细胞代谢提供能量。ATP 在细胞外环境中以低浓度（<0.4 mmol/L）存在，但相对集中在胞内细胞质中（1～10 mmol/L）。与正常细胞相比，癌细胞中的 ATP 水平会显著提高，所以，研究、探索一种可以利用 ATP 作为响应分子的治疗方法是非常有意义的。基于此，细胞内不同水平的 ATP 为我们制备以响应 ATP 的抗癌药物提供了生物学原理。研究发现，ZIF-90 纳米晶体中的金属中心离子 Zn^{2+} 可以响应异常水平的 ATP，从而使 ZIF-90 裂解释放出被包裹的药物。

近年来，在癌症治疗的研究领域，研究人员把更多的关注点投向能够与脱氧核糖核酸（DNA）结合并表现出抗癌活性的小分子上。其中 1,8-萘酰亚胺表现出了很强的抗癌活性，它对各种人源和鼠源细胞都表现出了很好的抗癌作用。与此同时，1,8-萘酰亚胺具有很强的可修饰性，具体表现在酰亚胺环上的氮原子（N-位）和萘环碳位点（3-位、4-位），可以通过引入其他官能团来改变其电化学性质、光物理性质或者赋予其特定的性能如靶向特异性。所以，1,8-萘酰亚胺能够靶向生物分子，尤其是核酸。氨萘非特（amonafide，ANF）具有很高的抗肿瘤活性，已经通过了Ⅰ期和Ⅱ期用于癌症治疗的临床试验，其中包括神经胶质瘤和乳腺癌。但是 ANF 口服效果较差，药效利用率低，在体内易被 *N*-乙酰基转移酶（NAT2）乙酰化，生成 *N*-乙酰-ANF，该产物在体内会产生不确定性的毒副作用，因此 ANF 停留于Ⅲ期临床研究。

本实验通过将金属有机框架材料作为载药体，把抗癌药物直接递送至病灶处，以降低抗癌药物对正常细胞的损伤和提高药物自身的利用率。具体地，把 ANF 装载到 ZIF-90 载体里，ZIF-90 通过在癌细胞中响应异常水平的 ATP 而降解，以释放出 ANF 药物。

三、实验仪器与药品

1. 仪器

真空干燥箱、分析天平、红外光谱仪、荧光光谱仪、高速冷冻离心机、磁力加热搅拌器、X 射线衍射仪、扫描电子显微镜。

2. 药品

咪唑-2-甲醛（2-ICA）（>99%）、乙酸锌（>99%）、氯化亚锡（Ⅱ）（98%）、*N*,*N*-二甲基甲酰胺（DMF）（分析纯）、无水甲醇（>99%）、无水乙醇（>99%）、浓盐酸（分析纯）、3-硝基-1,8-萘二甲酸酐（90%）、无水乙醚（>99%）、正己烷（>99%）、1,1-二甲基乙二胺（≥98%）、PBS 磷酸缓冲盐溶液、三磷酸腺苷（ATP）（≥98%）。

四、实验步骤

1. 目标产物的合成

ZIF-90 的合成：将 $Zn(CH_3COOH)_2 \cdot 2H_2O$ 的 DMF 溶液（2 mL，0.1 mol/L）加入咪唑-2-甲醛（2-ICA）的 DMF 溶液（2 mL，0.2 mol/L）中，剧烈搅拌。3 min 后，再向反应混合物中加入 10 mL DMF，进一步稳定球体，搅拌 20 min，然后用甲醇（3 次）、乙醇（1 次）离心和洗涤。室温下用无水乙醇重悬得到 ZIF-90。

ANF 的合成：根据查找的文献合成 ANF 药物，实验步骤如下：将含有浓盐酸（32%，3.5 mL）的氯化亚锡（Ⅱ）（4.8 g，21.2 mmol）溶液缓慢逐滴滴加到 3-硝基-1,8-萘二甲酸酐（1.0 g，4.1 mmol）的乙醇（2 mL）溶液中，回流加热反应 2 h。冷却至室温后通过减压过滤收集沉淀，再依次用水、乙醇和乙醚分别各洗涤 3 次，将固体放入真空干燥箱烘干得红棕色固体 3-氨基-1,8-萘二甲酸酐（0.8 g），产率约为 89.5%。再将 3-氨基-1,8-萘二甲酸酐（300 mg，1.4 mmol）和 1,1-二甲基乙二胺（130 mg，1.5 mmol）用 6.5 mL 乙醇溶解在反应瓶中，回流加热反应 2 h。冷却至室温后通过减压过滤收集沉淀，依次用乙醇和正己烷各洗涤 3 次，真空干燥箱烘干得黄色固体氨萘非特（280 mg），产率约为 70.8%。

ZIF-90-ANF 的制备：将每 2 mL 的 $Zn(CH_3COOH)_2 \cdot 2H_2O$（0.1 mol/L）和咪唑-2-甲醛（0.2 mol/L）的 DMF 溶液与 5 mg/mL 的 ANF 搅拌 5 min，然后用甲醇（3 次）、乙醇（1 次）离心和洗涤。室温下重悬于无水乙醇中可得 ZIF-90-ANF 纳米载药体系。

2. 材料的表征

利用 X 射线衍射仪对合成出的 ZIF-90 纳米晶体的晶体结构进行表征；利用红外光谱仪表征 ZIF-90 纳米晶体对 ANF 药物的包裹效果；利用扫描电镜表征合成产物的形貌。

3. ZIF-90-ANF 对 ATP 的响应

分别在 PBS 缓冲液和含 10 mmol/L ATP 的 PBS 缓冲液中加入 ZIF-90-ANF（1 mg/mL），并将其置于 37 ℃恒温条件下孵育 5 min，在荧光分光光度计以 415 nm 为激发波长的条件下测定对应的荧光强度，绘制相应的变化曲线。

五、问题讨论

1. MOFs 和 ZIFs 作为药物递送的载体具有哪些优势？

2. ZIF-90 是如何利用癌细胞中高水平的 ATP 作为响应因子，实现药物释放的？

3. ZIF-90 如何确保有效包裹 ANF，并在何种条件下实现对 ANF 的控制释放？这种释放特性对于提高治疗效果和减少副作用有何重要意义？

4. X 射线衍射、红外光谱、扫描电镜等表征方法在 MOFs 和 ZIFs 材料表征中的作用分别是什么？

5. 对实验改进有哪些设想和建议？

六、知识链接

癌症是疾病中的第二大死亡原因，严重威胁着人类的生命和健康，每年都有数以万计的人死于癌症。癌症不仅仅摧残患者的身体和精神，也给一个家庭带来了巨大的经济负担，所以如何高效地治疗癌症成为现在研究的重点。目前癌症治疗的传统疗法有化学疗法和放射疗法，但由于肿瘤细胞不可控制的增殖和转移以争夺正常组织细胞的生存空间和营养物质，而且传统疗法对于癌细胞并没有较高的选择性，以至于这两种方法对癌症的治愈率非常低。科学家们又开发出几种新型的癌症疗法，包括光动力疗法和免疫疗法等。虽然新兴的抗癌疗法对癌细胞有着较高的选择性，然而，癌症治疗中传统疗法仍然是人们选择的一个侧重，同时在传统疗法中，化学抗肿瘤药物又是最关键的环节，但是大部分药物不具有选择性。

七、参考文献

1. 雷冰倩．还原响应型 MOFs 纳米材料的构建及在肿瘤化学治疗中的应用［D］．天津：天津大学，2018.

2. 乔瑞．金属有机骨架 ZIF-90 载药系统的构建及抗肿瘤活性研究［D］．芜湖：安徽工程大学，2021.

3. 李旭飞，黄维秋，唐波，等．沸石咪唑酯骨架材料 ZIF-90 的合成及应用研究进展［J］．化工新型材料，2020，48（4）：10-16.

实验二十三

光敏水凝胶的制备与抗菌活性分析

一、实验目的

1. 了解水凝胶的制备与应用。
2. 学会用扫描电镜、紫外-可见分光光度光谱对水凝胶进行表征的技术。
3. 学会用流变仪测定不同质量比的水凝胶体系的黏弹性，掌握抗菌活性测试。

二、实验原理

水凝胶是一种含水量很大、固含量较低、含有大量亲水基团、柔软湿润的具备三维立体结构的高分子聚合物网络。水凝胶因其具有优良的生物相容性、良好的控制药物释放性能，在生物医药领域有着广阔的应用前景。水凝胶的有趣特性，如高含水量或高持水能力，能将水凝胶与其他生物材料区分开来。生物降解性、生物相容性、相互连接的多孔结构、可调节的溶胀性和适当的机械性能，使它们成为构建细胞外基质（ECM）支架的引人注目的生物材料。水凝胶的含水量从很低到高达99%不等。它是固-液中间体，可以维持一定的形状与体积，在水凝胶溶胀平衡过程中，溶质向外扩散或穿透。

水凝胶是一种由水溶性或亲水性的大分子经过某种化学或物理交联而形成的。从分子结构上看，这类聚合物主要有多糖和多肽。按照其交联作用的主导驱动力不同，可以将其划分为两种类型，一类是有着超分子水凝胶之称的物理水凝胶，另一类是化学水凝胶。被称为超分子水凝胶的新型化合物的主要驱动力是非共价相互作用，如氢键、金属配体配位、π-π 堆叠、主客体识别和静电相互作用。这些非共价相互作用在水凝胶中创建了三维交联网络，赋予其结构的灵活性，直接影响其宏观性能。而通过化学交联形成的对流水凝胶是脆性的，不表现出自愈合的特性。超分子凝胶由于其物理性质、更简单和廉价的合成路线、多种功能和更好的疗效，具有许多理想的特性。化学凝胶，这种材料的独特之处在于其复杂而精细的三维结构，这一结构是由众多化学键通过交联点连接起来形成的。这种结构具有一定的稳定性和持久性，使得它在环境中能长时间保持不变。由于这些特性，化学凝胶被广泛应用于多个领域，特别是那些需要永久或长期固定结构的场合。因此，它们也常被称为真凝胶，以区分于那些经过溶解后可再生的凝胶。

四氨基酞菁锌能够利用光能产生具有强氧化性的活性氧自由基，这些氧自由基能够攻击和破坏细菌的细胞膜和DNA，从而起到抗菌作用。然而，四氨基酞菁锌在某些条件下可能发生分解或氧化，导致其结构被破坏，失去原有的颜色和稳定性。而且，四氨基酞菁锌的合成过程较为复杂，导致其成本较高，不利于大规模生产和应用。因此，在此基础上，本实验结合生物相容性良好的琥珀酰聚糖，以制备一种新型的琥珀酰聚糖-四氨基酞菁锌水凝胶，这种水凝胶能够通过物理屏障作用阻止细菌的入侵和黏附，从而降低感染的风险。其次，它能够释放出四氨基酞菁锌离子，破坏细菌正常的膜结构，导致细菌死亡。此外，四氨基酞菁锌离子还能够与DNA结合，抑制其复制和转录，从而进一步抑制细菌的生长和繁殖。

三、实验仪器与药品

1. 仪器

分析天平、数显恒温水浴锅、高速离心机、真空干燥箱、立式高压蒸汽灭菌器、扫描电子显微镜、紫外-可见分光光度计、旋转流变仪。

2. 药品

无水乙醇（分析纯）、2-吗啉乙磺酸（MES buffer）（分析纯）、1-乙基-(3-二甲基氨基丙基)碳酰二亚胺（EDC）（分析纯）、*N*-羟基丁二酰亚胺（NHS）（分析纯）、碳酸氢钠（分析纯）、*N*,*N*-二甲基甲酰胺（分析纯）、氢氧化钠（分析纯）、四氨基酞菁锌（固体颗粒）、酵母浸粉（固体颗粒）、蛋白胨（固体颗粒）、琼脂粉（固体颗粒）、琥珀酰聚糖。

四、实验步骤

1. 琥珀酰聚糖的提纯

利用碱纯法处理粗糖，首先将粗糖与去离子水按 8 g 粗糖配 800 mL 去离子水的比例配制成溶液。接着，用氢氧化钠调节溶液的pH值至10.0。调节后的溶液需要在100 ℃的数显恒温水浴锅中静置30 min，完全去除琥珀酰基团，得到纯化糖，将其平稳取出，置于桌面。用滴管抽取上层水相到 50 mL 离心管中，在 5000 r/min 的低速离心机离心10 min后，得到上清液。然后，用滴管将上层水相抽到 2 mL 离心管中，在 10000 r/min 的高速离心机中进行10 min的离心，得到上清液，用2.5倍体积预冷的95%乙醇滤出上清液，最后置于40 ℃干燥箱中，过夜干燥。

2. 水凝胶的制备

琥珀酰聚糖有羧基，四氨基酞菁锌有很多氨基，通过EDC-NHS活化羧基与氨基发生酰胺反应，交联成水凝胶。0.51 g 琥珀酰聚糖溶解于 3.5 mL 的 MES buffer，搅拌溶解完全；称取0.19 g EDC溶解于300 μL的MES buffer，缓慢加入上述溶液，室温反应15 min；称取0.29 g NHS，溶解于400 μL的MES buffer，缓慢加入上述溶液，室温反应30 min；称取0.25 g $NaHCO_3$，溶解于500 μL超纯水中，缓慢加入上述溶液，这一步会有气泡出现（这一步是为了调节pH）；称取10 mg四氨基酞菁锌，溶解于1 mL DMF中，缓慢加入上述溶液，转子混匀，反应30 min，可见成胶，用少量水清洗，去除多余未反应的试剂。

3. 水凝胶的结构表征

水凝胶的紫外-可见分光光度光谱分析采用紫外-可见分光光度计测定。将制备好的水凝胶冻干，通过扫描电镜分析观察其结构。使用专用镊子将试样固定在覆有导电胶的圆形样品基座上，经喷金仪进行表面金属化处理后，根据观测需求选择适宜的放大倍数，可获得复合材料表面结构的清晰图像。

4. 流变学分析

配制2%、3%以及4%琥珀酰聚糖-四氨基酞菁锌水凝胶。分别称取0.1 g、0.15 g、0.2 g 琥珀酰聚糖扩大5倍体系制备水凝胶。设置流变测量的参数，包括温度、夹具、实验时长、应变、频率以及角频率等。

5. 水凝胶的抗菌活性分析

选择革兰氏阴性菌（大肠杆菌）和革兰氏阳性菌（金黄色葡萄球菌）对水凝胶的活性进行定性分析。首先配制好培养基，将复苏的大肠杆菌和金黄色葡萄球菌加入固体 LB 培养基中划线活化，培养复苏后的菌株可传代培养 3 次以上。准备无菌的实验室环境、培养基、接种环、菌株等必要的实验材料。在此条件下，使用接种环从大肠杆菌和金黄色葡萄球菌中取得适量的菌体，然后将其接种到 3 mL LB 液体培养基中。将接种好菌的培养基放入 25 ℃，100 r/min 的恒温摇床中孵育 9～12 h。打开超净工作台的照明灯和风扇，用酒精浸过的棉球擦净台面，点燃酒精灯，把摇匀的样液拿进超净工作台。

取 2 mL 的小试管放好，分两组，各 5 个。每组管子命名为 10^{-1}、10^{-2}、10^{-3}、10^{-4}、10^{-5}，分别代表稀释了大肠杆菌样液和金黄色葡萄球菌样液的 10～10^5 倍。先向每个管中加 900 μL 无菌水，再往 10^{-1} 管内加入 100 μL 大肠杆菌/金黄色葡萄球菌样液，颠倒摇匀试管，再从此试管中取 100 μL 加入下一个稀释管中，重复操作，直到稀释至 10^{-5}。取四个 LB 固体培养基平板，把三角涂板在火焰上灼烧，冷却。选取 10^{-3} 和 10^{-5} 的稀释菌液分别吸取 100 μL 置于四个平板，用三角涂板均匀铺开。将事先制备的琥珀酰聚糖-四氨基酞菁锌水凝胶用模具制成一定体积大小的圆柱形水凝胶放入涂有菌液的固体培养基上，将其放入培养箱内培养 12～72 h 后，观察是否产生抑菌环。

五、问题讨论

1. 举例三种以上抗菌剂种类。
2. 琥珀酰聚糖溶液具有明显高黏度的原因是什么？
3. 琥珀酰聚糖的生物相容性主要归因于什么？
4. 四氨基酞菁锌的合成中需要使用什么作为催化剂？
5. 对实验改进有哪些设想和建议？

六、知识链接

几个世纪以来，无法控制的有害细菌感染已经对公共卫生和经济构成了巨大的威胁。虽然传统的抗生素治疗对杀灭细菌有积极的作用，但由于抗生素耐药病原体的产生，治疗效果较差，并不能消除临床中的病原体。细菌感染超过 50% 的死亡病例是由金黄色葡萄球菌、大肠杆菌、肺炎克雷伯菌和铜绿假单胞菌等病原体引起的，所有这些病原体都与抗生素耐药性增加有关。抗菌剂的作用机制可能包括破坏细菌的细胞壁、抑制细菌酶的活性或干扰细菌的代谢过程。

七、参考文献

1. 高玉洁．光功能复合水凝胶的制备及抗菌性能［D］．武汉：华中科技大学，2021.

2. 翁洪娟．基于琥珀酰壳聚糖-氧化透明质酸的新型水凝胶制备及性能研究［D］．济南：山东大学，2020.

3. Lee E J，Kang E，Kang S W，et al. Thermo-irreversible glycol chitosan/hyaluronic acid blend hydrogel for injectable tissue engineering［J］. Carbohydrate Polymers，2020，244：116432.

实验二十四

四环素对集胞藻的毒性效应及胞外多糖的胁迫响应测定

一、实验目的

1. 掌握紫外-可见分光光度计的使用，并利用其对微藻生物量进行测定。
2. 掌握集胞藻胞外多糖的提取，学会透析、冷冻、干燥等操作。
3. 了解苯酚-硫酸法，并基于该方法对胞外多糖产量分析。
4. 掌握叶绿素 a 和类胡萝卜素含量的测定。

二、实验原理

微藻是一类生活在淡水和海洋中的含有叶绿素 a 并能进行光合作用的低等自养水生植物。因其具有生长迅速、效率高、低能耗、产量大、易调控等特点，近年来受到了国内外学者的重视。当前，被用于生物技术并进行大规模培养或生产的微藻主要有：蓝藻、绿藻、金藻和红藻。蓝藻和绿藻由于在水环境中的密度和生物量都相对较高，并且对水环境较为敏感，因此被研究人员视作良好的科研材料。自 1980 年，对于微藻的研究就进入了人们的视野，国内外学者开始从基因水平、蛋白质水平、细胞水平展开对微藻的系统性研究。

集胞藻 6803 于 1968 年自淡水中分离得到，它是以二分裂的方式进行繁殖，直径在 2～5 μm 之间，最适生长温度为 28～38 ℃。集胞藻既可以利用光能进行自养生长，又可以利用葡萄糖进行异养生长，也因此得到了学者的广泛研究。微藻作为水体中重要的初级生产者，对维持水体环境的稳定具有重要意义。与其他水生生物相比，微藻主要具有以下几个生物学特征：①微藻是一种低等、自养、放氧的水生生物；②微藻主要是单细胞、团簇或丝状的，主要是浮游藻类，也有少数是附着藻类、底栖藻类等；③微藻的种类繁多，其生理、生化性质也具有多样性，因而能生产出许多特殊的生理活性物质，如脂肪、多糖、蛋白质、类胡萝卜素等；④微藻的栖息地广泛，可在海洋、淡水和湖泊中生长，也可在湿润的土壤、树干处或光照和湿度较大的环境中生长；⑤生长周期短，一般为十五天左右；⑥细胞由线粒体、叶绿体和酶系组成，并有较强的硬质细胞壁；⑦可以利用氮、磷等养分，使自己迅速生长；⑧可直接利用阳光、二氧化碳进行光合作用，为高等水生生物的呼吸提供氧气；⑨部分应用型微藻还可在细胞内合成大量油脂，产生的油脂可达细胞干重的 30%～70%；⑩可作为动物饵料，饲养龙虾和鱼类等。此外，还能较低成本地利用藻类将标记的同位素带入体内，进而使代谢物带上同位素标记。因此，微藻已经在生物质能的开发、重金属污染的生物吸附、CO_2 的固定和吸收等方面得到了广泛的应用。而抗生素在除菌、抑菌方面又有强大的作用效果，因此常常会作为抑菌剂加入藻液中用于生产。

抗生素可作为治疗由革兰氏阳性菌和革兰氏阴性菌引起的疾病的有效药物之一。四环素抑菌主要通过阻碍氨酰 tRNA 与核糖体的结合位点结合，从而抑制菌体蛋白的合成，进而起到抑菌的作用。由于其低挥发性和高亲水性，因而会在土壤中长期滞留，难以被自然去除。在培养微藻时，抗生素的添加也有抑菌促藻的作用。抗生素浓度的提高，以及暴露时间的延长，中肋骨条藻的过氧化氢酶活性表现出先上升后下降的趋势，该结果也进一步表明高浓度的抗生素对微藻的毒害作用。

胞外多糖（exopolysaccharides，EPS）是指在藻类、细菌、真菌等特殊微生物生长代谢过程中分泌到细胞壁外的一类长链、具有高分子量的代谢物质。EPS是单糖通过糖苷键连接起来的胞外聚合物，由于单糖、糖苷键以及侧链基团丰富的种类，因此也赋予了EPS不同的生态学功能。当微藻受到胁迫压力时，就会释放大量的EPS，其中包括藻细胞释放到水溶液中的水溶性多糖（RPS）以及黏附在细胞表面的胞外胶鞘多糖（CPS）。由于EPS具有带负电荷的官能团，因此，它的产生可以增加细胞外侧的电负性，使藻细胞易于聚集，帮助细胞黏附，从而抵御恶劣环境。并且EPS还可以作为干燥剂和抗菌剂，增加微藻生物和微藻非生物的胁迫耐受性，有利于细菌的存活、适应环境以及定居。此外，EPS还可以吸收氮、磷，减少离子的阻碍，氧化有机物，从而为藻细胞的生长繁殖提供良好的营养条件。不仅如此，EPS还有助于生物膜的形成，当其作为细胞壁成分的一部分时，EPS可以维持细菌细胞结构的完整性，具有保护功能。

三、实验仪器与药品

1. 仪器

紫外-可见分光光度计、洁净工作台、智能高速冷冻离心机、SHB-Ⅲ循环水式多用真空泵、旋转蒸发仪RE52-99、超声波信号发射器、超声波细胞粉碎机隔音箱、移液器、恒温培养摇床、透析袋、玻璃珠、灭菌锅、离心管、烧杯、量筒等一些基本器具。

2. 药品

BG11培养基、四环素、集胞藻、丙酮、葡萄糖、苯酚、浓硫酸、戊二醛、蒸馏水。

四、实验步骤

1. 微藻生物量的测定

①接种生长至对数中期的集胞藻于含有不同浓度的四环素的BG11培养基中（0 μg/L、100 μg/L、1 μg/mL和10 μg/mL），初始接种密度为OD_{730}=0.1，接种体积为100 mL，每个浓度设置3组平行；②在无菌条件下，每隔3天取2 mL藻液，用紫外-可见分光光度计在波长730 nm下测定其对应吸光度；③根据测定数值，以吸光度为纵坐标（OD_{730}），时间（天）为横坐标绘制集胞藻吸光度值与时间的关系曲线，可知道集胞藻在不同浓度的四环素胁迫作用下，其生长量的变化。

2. 集胞藻EPS的提取

取培养20天的藻细胞培养液，在4 ℃和10000 g的条件下离心15 min。为除去上清液中可能残留的细胞碎片，将上清液在4 ℃，30000 g条件下再次离心30 min。最后得到的上清液在45 ℃下减压浓缩10倍，然后置于透析袋（截留分子量为3500 Da）中，在4 ℃下，用蒸馏水透析72 h，透析后的EPS冷冻干燥。用3%的戊二醛溶液提取EPS。用3%的戊二醛溶液重悬离心（10000 g，15 min，4 ℃）得到的藻细胞沉淀，4 ℃条件下振荡提取过夜。提取液在 4 ℃，10000 g 条件下离心 15 min，取上清液，并用孔径为 0.45 μm 和 0.22 μm 的微孔滤膜依次过滤，滤液如上所述进行浓缩、透析和冻干。

3. 胞外多糖产量的分析

取 20 mg 葡萄糖，加蒸馏水于容量瓶中，定容至 500 mL，配制成浓度为 0.04 mg/mL 的葡萄糖标准溶液；取不同体积的葡萄糖标准溶液，分别配制成不同浓度的葡萄糖溶液 2 mL（8 μg/mL、12 μg/mL、16 μg/mL、20 μg/mL、24 μg/mL、28 μg/mL、32 μg/mL、36 μg/mL）。另设一组对照组为 2 mL 水，分别往试管中加入 1 mL 6%的苯酚，混匀后再加入 5 mL 的浓硫酸，摇匀后室温静置 20 min。测量反应液在 490 nm 处的吸光度，绘制标准曲线。以吸光度为纵坐标，葡萄糖含量为横坐标，求出线性回归方程。

4. 叶绿素 a 和类胡萝卜素含量的测定

采用分光光度计法测定叶绿素 a 和类胡萝卜素含量。在超净工作台中取待检测浓度梯度的藻液 10 mL，充分混匀；将藻液置入离心管中，于 3500 r/min，4 ℃离心 15 min，移去上清液，留藻泥；用 90%丙酮重悬藻泥，置于 4 ℃冰箱中 24 h；将藻液重新倒入离心管中，于 3500 r/min，4 ℃离心 15 min，将上清液转移至比色皿中，分别测量其在 663 nm、730 nm、645 nm、630 nm、470 nm 下的吸光度，通过下列公式计算叶绿素 a 和类胡萝卜素的含量，具体参考文献，公式如下：

$$\text{叶绿素 a 含量(mg/L)}=\frac{[11.64(OD_{663}-OD_{730})-2.16(OD_{645}-OD_{730})+0.1(OD_{630}-OD_{730})]V_0}{Vl}$$

$$\text{类胡萝卜素含量(mg/mL)}=\frac{1000OD_{470}-2.05\times\text{叶绿素 a 含量}}{245}$$

式中，OD 表示吸光度；V_0 表示提取液的定容体积，mL；V 表示样品体积，mL；l 表示比色皿光程，cm。

五、问题讨论

1. 微藻的研究对环境保护有什么实际意义？

2. 为什么使用丙酮来提取藻泥？这种提取方法的优点是什么？

3. 为什么在提取胞外多糖时需要进行离心和透析处理？这些步骤对最终提取物的纯度和质量有什么影响？

4. 在分析胞外多糖的产量时，为什么选择苯酚-硫酸法？这种方法的优势和局限性是什么？

5. 在实验中使用分光光度计法测定叶绿素 a 和类胡萝卜素含量的过程中，可能遇到哪些误差源？如何进行校正？

六、知识链接

抗生素在人体疾病的治疗以及在水产养殖等行业中起到了非常重要的作用，它不但被广泛应用于各种疾病的防治，而且还被用作兽药和促生剂，广泛应用于水产和畜禽养殖业。然而，抗生素的过度使用也导致其在环境中积累，带来了不可小觑的危害。根据研究，持续暴露在低浓度的抗生素中会使病原菌适应环境中抗生素的胁迫，从而使不具有耐受性的病原菌被淘汰，增强了微生物对于抗生素胁迫的耐受性，进而改变细菌群落中的基因组成，致使“超级细菌”产生。“超级细菌”的存在将会对人类健康安全以及各行各业产生极大的威胁。从流入水中的抗生素开始，抗性基因的污染就会向农业、畜牧业、水产业扩散，以各种各样的形式传播入人体，最终冲击医疗行业，造成无药可医的后果。

中国作为农业大国，据统计在 2019 年与 2020 年分别有 30903.66 t 和 32776.30 t 的抗生素被用于养殖业，其中四环素以其广谱抗菌和价格低廉的优势，位居抗生素用量的榜首。据调查，欧盟每年消耗的抗生素总量约为 5000 t，其中四环素类抗生素就高达 2300 t；四环素类抗生素占据美国抗生素市场份额的 15.8%；在中国，光是四环素类抗生素的年出口量就高达 1.34×10^{7} kg。这些抗生素由于无法被机体充分代谢，有 20.0%～97.0% 以活性物质的形式排出体外而进入环境。抗生素主要通过污水处理厂的不当排放、水产及畜牧养殖场和药物的不当丢弃进入水环境。目前，在诸多自然水体中，已经有抗生素污染的检出，仅地表水（海洋、河流以及湖泊）中就有 61 种抗生素被检出，最高检出浓度达 24809.0 ng/L。这些流入水体的抗生素一方面会对非靶标微生物产生不利影响，另一方面，作为淡水资源库的河流、湖泊以及地下水遭到抗生素污染就很有可能威胁到饮用水的安全，这两者都会导致抗性基因的传播，间接影响人类健康。

七、参考文献

1. 王振楠，白默涵，李晓晶，等．微生物降解四环素类抗生素的研究进展［J］．农业环境科学学报，2022，41（12）：2779-2786.

2. 麻晓霞，马丽萍，石勋祥，等．微藻对常用抗生素敏感性的研究进展［J］．微生物学免疫学进展，2012，40（1）：83-86.

3. 杨俊．淡水微藻对水中四环素的胁迫响应及去除机制研究［D］．合肥：安徽农业大学，2022.

实验二十五

耳叶牛皮消种子萌发与幼苗生长耐盐性研究

一、实验目的

1. 掌握耳叶牛皮消种子萌发和幼苗培育的技术。
2. 学会耳叶牛皮消生长指标的测定方法。
3. 学会用紫外-分光光度计测定过氧化氢酶的活性。

二、实验原理

白首乌属于萝藦科多年生缠绕草本植物耳叶牛皮消（*Cynanchum auriculatum*）、戟叶牛皮消（*Cynanchum bungei*）和隔山牛皮消（*Cynanchum wilfordii*）的块根。江苏滨海特色产业白首乌是萝藦科鹅绒藤属的耳叶牛皮消块根，江苏滨海地区目前白首乌产量占全国耳叶牛皮消的95%。研究表明，白首乌含有粗多糖、粗蛋白、粗脂肪、维生素、氨基酸以及钙、铁、锌、镁等人体必需的矿物质元素。其含有的甾苷类、多糖类和苯乙酮类药理活性化合物，具有抗肿瘤、抗病毒、抗炎、抗抑郁、血管扩张、抑制食欲、抗癫痫、神经保护和降血糖的作用，具有较高的药用价值，市场需求大。耳叶牛皮消具有低耐盐性，适合种植于低盐渍化的土地上，所以，种植耳叶牛皮消对解决滨海盐碱地不断增长的问题有着十分重要的意义。

耳叶牛皮消的繁殖技术可分为无性繁殖和有性繁殖两种手段。耳叶牛皮消的无性繁殖技术包括扦插技术和块根繁殖技术，其中块根繁殖技术是生产上主要采用的繁殖方式。采用块根分段繁殖，块根粗大，出苗健壮，成活率高。然而，随着繁殖世代的推进，尽管白首乌的药理活性成分会逐渐累积，但由于初次播种时无法彻底消毒，这期间的病菌数也会不断累积，最终导致耳叶牛皮消感染根腐病、叶霉斑点病等。耳叶牛皮消的有性繁殖技术即耳叶牛皮消的种子繁殖，其优点是种植成本低且能避免根腐病等在世代中遗传或感染植物后代的常见病，减少白首乌的产量和经济损失。

三、实验仪器与药品

1. 仪器

超净工作台、滤纸、恒温光照培养箱、离心机、石英比色皿、研钵、移液器、试管、容量瓶、电子天平、紫外分光光度计。

2. 材料与药品

耳叶牛皮消（*Cynanchum auriculatum*）种子、氯化钠（分析纯）、乙醇（化学纯）、次氯酸钠（分析纯）、聚乙烯吡咯烷酮（PVP）、0.2 mol/L 磷酸缓冲液（pH=7.6）、

0.1 mol/L H_2O_2 溶液。

四、实验步骤

1. 耳叶牛皮消种子萌发期处理

施加的 NaCl 处理浓度为 0 g/L、1 g/L、3 g/L、5 g/L，每个处理重复 3 次，每次重复 50 粒。挑选生长良好的种子，经 70%乙醇消毒 5 min，无菌水冲洗 3 遍，1%次氯酸钠消毒 1 min，无菌水冲洗 3～5 遍，置于垫有 2 层滤纸的培养皿中，取配制好的 NaCl 溶液 4 mL 均匀注入培养皿中，待滤纸浸透后，把已消毒的种子整齐地摆放在滤纸上，移入培养箱（温度 25 ℃，光暗周期 12 h/12 h）中进行种子萌发实验。培育期间，每隔 24 h 观察记录种子萌发及初生幼苗的（萌发后未移栽的幼苗）生长情况，并添加无菌水以保持盐溶液浓度相对恒定，15 天后萌发实验结束。

2. 耳叶牛皮消初生幼苗的培育

对上述萌发的种子进行分离并在原环境下培育，培育期间添加无菌水以保持盐浓度相对恒定。观察并记录进行了 5 天原液培育的初生幼苗子叶的生长状态，在 15 天的实验周期结束后，分别对每天萌发得到的初生幼苗的胚轴长、胚根长及苗长进行测量。

3. 耳叶牛皮消幼苗的耐盐锻炼

15 天萌发实验期结束后，对不同萌发处理后经过 5 天原液培育的初生幼苗子叶的生长状态进行比较分析，选取同期（连续 4 天）萌发的初生幼苗移入无孔花盆中进行土壤盐培育，分别进行 4 个水平的盐处理（0 g/L、1 g/L、3 g/L、5 g/L NaCl），共计 16 个处理组，每个处理重复 3 次，8 株幼苗为一次重复。培育期间，通过称重法对幼苗进行 2 天一次的浇水以保持土壤盐浓度的相对恒定。

4. 生长指标测定

萌发率：15 天内全部发芽的种子粒数/50×100%；

发芽势：萌发高峰期内全部发芽的种子粒数/50×100%；

相对萌发率=(处理种子发芽率/对照种子发芽率)×100%；

发芽指数 $Gi=\sum Gt/Dt$（Gt 为第 t 天的发芽种子数，Dt 为对应的发芽天数)；

活力指数 $Vi=Gi\times S$（S 为初生幼苗的平均长度)。

苗高采用直接测量法；利用 PS（Adobe Photoshop）计算叶片的表面积。

5. 过氧化氢酶活性（CAT）的测定

采用紫外吸收法测定过氧化氢酶的活性。将经不同处理的叶片洗净，用电子天平称取叶片各 0.5 g，剪碎后分别放入研钵，各加入 0.1 g PVP 和 5 mL 4 ℃预冷的 0.2 mol/L 磷酸缓冲液（pH=7.6)，充分研磨成匀浆，转入 25 mL 容量瓶定容。将容量瓶混合均匀后置于 4 ℃冰箱中静置 5 min，于 4 ℃ 4000 r/min 条件下离心 15 min，取上清液（过氧化氢粗酶液）放置常温后，用移液器抽取 0.2 mL 粗酶提取液于洗净的试管中，在试管中加入 2.4 mL 0.2 mol/L 磷酸缓冲液（pH=7.6）和 0.4 mL 0.1 mol/L 的 H_2O_2 底物，立即转入石英比色皿中测定 OD_{240} 吸光度值，每 30 s 记录一次，测 3 min。酶活性计算公式：

$$\mathrm{CAT}[0.01\Delta OD_{240}/(\mathrm{g}\cdot\mathrm{min})]=\frac{\Delta OD_{240}\times V_{\mathrm{t}}}{m\times V_{\mathrm{s}}\times 0.01\times t}$$

式中，ΔOD_{240} 是 30 s 内的差值；V_{t} 是提取粗酶液总体积；m 为样品鲜重；V_{s} 为测定活性时用酶液的体积；t 为反应时间。

五、问题讨论

1. 还有哪些指标可以反映幼苗的生长情况？

2. 除了耐盐锻炼，还有其他哪些方法可以提高植物的耐盐性？

3. 盐碱会对土壤有哪些影响，如何表征？

4. 对实验有哪些改进与建议？

六、知识链接

盐碱地是指土壤中聚集的盐分超出正常水平而抑制植物生长和农业发展的土壤状态。土地盐渍化是世界性的问题，据统计，全球土壤盐渍化面积约 11 亿 hm^2，占土地总资源的 3%，干旱区及半干旱区的盐渍化土壤占 18%～43%。中国盐碱地面积大且分布广泛，总面积约为 $3.69\times10^7\ \mathrm{hm}^2$，占国土总面积的 10%左右，占农用土地的 4%左右，而耕地次生盐渍化面积又以每年 15～20 万亩（1 亩＝666.67 m^2）的速度增加。习近平总书记在考察黄河三角洲时指出，要采取生态优先战略来推进沿海高盐碱地区的发展。自然因素和人为因素的双重影响导致盐碱地面积的不断扩大。因此，了解我国盐碱地的成因、分布和利用现状对于今后盐碱地资源可持续性的改良、开发和利用都有重要意义。土壤中过高的盐分会对植物产生盐害作用，抑制植物的生长发育，制约农业生产，所以开发利用盐碱地对保障中国粮仓和发展农业经济具有重要作用。

改良的局限性在于成本过高、淡水资源浪费等，因此，要想长期有效综合利用好盐碱地这块宝贵的资源需转变思路，从改良盐碱地适应普通植物转向挖掘植物耐盐的可能性使其适应盐碱地。植物改良指的是通过提高植物耐盐性使其适应盐碱环境，从而达到利用盐碱地和改良盐碱地的目的，主要手段有育种、基因工程改造和耐盐锻炼，其中，耐盐锻炼是通过施加一定浓度的盐处理，使植物逐步适应高盐逆境的有效手段。

七、参考文献

1. 王宏信，骆娟，李向林．海滨耐盐植物耐盐性及其形态和生理适应性研究进展［J］．生物学杂志，2019，36（6）：86-99.

2. Wu Z，Wang Y，Meng X，et al. Total C-21 steroidal glycosides，isolated from the root tuber of cynanchum auriculatum Royle ex Wight，attenuate hydrogen peroxide-induced oxidative injury and inflammation in L02 cells［J］. International Journal of Molecular Medicine，2018，42：3157-3170.

3. 朱建峰，杨秀艳，武海雯，等．植物种子萌发期耐盐碱性提高技术研究进展［J］．生物技术通报，2020，36（2）：158-168.

4. 吴承东，沈明晨，陈镭，等．盐胁迫对白首乌种子萌发特性的影响［J］．浙江农业科学，2022，63（6）：1262-1265.

实验二十六

磺胺类物质对发光菌的急性毒性实验

一、实验目的

1. 初步了解环境中化学物质对水生动物的急性伤害的标准。

2. 掌握急性毒性实验的基本原理和方法。

3. 学会用 QSAR（定量结构-活性关系）模型分析污染物对生物物种的生态毒性定量关系。

二、实验原理

磺胺类化合物主要用于染料行业。迄今为止，已经发现了超过 7000 种磺胺类物质及其衍生物，其中大多数的磺胺类药物被广泛用作抗菌剂。最近的研究表明，它还可以用作电解质等，以及它还能辅助治疗免疫缺陷综合征或癌症等疾病。据大量文献报道，由于 5 个取代基 R 的差异，磺胺类化合物及其衍生物具有在 pH 值为 3～13 范围内的不同的解离常数（pK_a）。我们现今生活的环境中 pH 值约为 7.4，将磺胺类药物立即使用到疾病特定部位，pH 值因其敏感性的增加而增加。磺胺类药物通常有 3 种类型，一是肠道容易吸收类，如磺胺嘧啶、氨苯磺胺、磺胺喹恶琳、磺胺对甲氧嘧啶等。二是肠道难以吸收类，如磺胺脒、磺胺醋酰等。三是外用类，如磺胺醋酰钠、磺胺嘧啶银。人长期食用含磺胺类药物的动物性食品后，药物不断在人体内蓄积，当积累到一定浓度后，人体就会出现中毒现象，并且会损伤肾脏，特别是乙酰化磺胺难溶于尿液，析出结晶后对肾脏损害更大。磺胺类药物中的磺胺脒是一种禁用药，有些磺胺药有停止用药期的规定，因为其残留能破坏人的造血系统，引起溶血性贫血症等疾病，对于过敏体质的人，如果症状轻会引起皮肤瘙痒症，如果症状重则会引起血管性水肿，最终导致死亡。随着抗菌药物的广泛使用以及不规范用药，造成动物对抗菌药物的敏感性降低、细菌耐药性逐渐增强等现象，对动物疾病治疗方面构成了严重的威胁，现已成为全球性的问题。在水产和畜牧养殖中，动物疾病发生的原因复杂，单一用药往往难以控制病情，为了扩大治疗范围、增强疗效，通常情况下会使用两种或多种药物同时或先后进行给药，通过药物的抗菌机制产生的互补或者相加作用提高疗效，并减少细菌的耐药性。

水生生物分类多，其中包含微生物、藻类等，由于它们的生活环境有所不同，有些适合生活在淡水中，而有些则适合生活在海水中，这些水生生物为人类的生活带来了便利，它们为人类提供了蛋白质等物质，有些水生生物为毒理学实验探究也提供了很大的便利，像发光菌、鱼这类生物，这些生物价格便宜，而且对于实验中使用的一些药物非常敏感，因此它们对于探究急性毒性和慢性毒性的作用机理和影响因素有着重要的作用。急性毒性是人或动物接触实验中的药物一次或者多次而引起的中毒反应，严重则导致死亡。急性毒性实验中，有些实验中使用的动物接触到药物等化合物会在几分钟内就发生中毒症状甚至死亡，但是，有的动物接触到有些化合物则几天甚至几个月才出现中毒症状。动物在接触这些药物时的方式和途径各有不同，有些通过口服，而有些通过注射。“一次”是指在动物接触药物的瞬间所使用的化合物的过程。

QSAR 全称为定量结构-活性关系，即定量构效关系是对有机物分子结构与性质或活性之间关系的研究。性质/活性是一个广义的概念，包括污染物对不同生物物种和不同层次的测试终点的生态毒性。定量结构活性是利用数学模型来探究分子结构和分子的某种生物活性之间的关系。利用 QSAR 模型，可以在一些化合物没有被人们发现之前了解到它们可能具有的生物活性与物理化学性质，为科学家们的研究和实验探究提供了便利，也为人们带来了一定的便利。辛醇/水分配系数（Kow）是研究有机污染物环境行为和建立多介质环境数学模型的重要参数之一。目前文献中常见的关于有机物分配系数的计算方法有线性自由能法、分子连接性指数法和分子碎片常数法等。

三、实验仪器与药品

1. 仪器

分析天平、超声波清洗仪、净化操作台、DXY-3 型生物毒性检测仪、YXQ-SG41-280 电热手提压力蒸汽消毒器、恒温振荡箱、试管、容量瓶、锥形瓶。

2. 材料与药品

磺胺甲嘧啶、磺胺甲氧嘧啶、磺胺嘧啶、发光菌、氯化钠（分析纯）。

四、实验步骤

1. 有机物对发光菌毒性的预检测

预热 DXY-3 型生物毒性检测仪 15 min，调零。将每一个试管中滴加 3% NaCl，取出有 0.5 g 发光菌的冻干粉锥形瓶和氯化钠溶液，将锥形瓶放入有冰块的保温瓶中，加入氯化钠溶液，2 min 后细菌冻干菌剂复苏；取试管加入 3%的氯化钠溶液和几滴发光菌复苏液，颠倒摇匀，倍率调至“×2”，配制高浓度 100 mg/L 磺胺类有机物（3% NaCl 配制），注射进复苏菌液，逐一加入各个试管，摇匀，静置 15 min 后，最后读数。

2. 急性毒性实验

取出 2 mL 浓度为 3%的氯化钠溶液，将此作为空白对照组，并且将各试管中加入相同体积的稀释菌液，分别从这些试管中吸取 1 mL，确保将它们混匀。各取 1 mL 发光菌复苏液于 200 mL 3%的氯化钠溶液中，将它们摇晃均匀，设置 6 个有机物等浓度梯度（100 mg/L、50 mg/L、25 mg/L、12.5 mg/L、6.25 mg/L、3.125 mg/L），然后再取 2 mL 放入试管中，每一个浓度设置 3 个相同的样品，静置 15 min，用检测仪检测其发光强度。

3. QSAR 模型建立

通过使用软件 Minitab 14 将各分子描述符的数据代入，能够建立起离子百分率、Abraham（ABESV）等分子描述符之间的方程关系；在软件 Minitab 14 中，通过选择不同的自变量进行回归，运用多元线性回归法建立磺胺类物质对发光菌的急性毒性的 QSAR

模型。在每个回归方程中根据样本数量 n、标准偏差 S、决定系数 R^2、Fisher 检验 F 来评价方程的拟合程度的显著性水平。

五、问题讨论

1. 磺胺类物质还有哪些？主要用途是什么？
2. 结合 QSAR 模型多元回归线性方程探讨磺胺类物质对发光菌的毒性效用机理。
3. 分析线性回归方程线性关系不明显的原因。

六、知识链接

磺胺类药物是人类历史上首批合成的抗菌药，其发现堪称现代医学的里程碑。1932 年，德国化学家格哈德·多马克发现百浪多息（prontosil）对链球菌感染有治疗作用，其有效成分即为磺胺类物质。1939 年，多马克因这一发现获诺贝尔生理学或医学奖，磺胺类药物迅速成为二战时期的“救命药”，挽救了大量感染伤员的生命。磺胺类药物的出现打破了“细菌感染无药可治”的局面，推动了抗生素研究的热潮，为青霉素等后续抗生素的发现奠定了基础。

除了抗菌类药物，磺胺类物质在其他领域也有重要用途：可作为饲料添加剂，预防动物肠道感染（需遵循兽药使用规范）；部分磺胺类化合物可作为植物生长调节剂或除草剂；用于合成染料、颜料（如磺胺类偶氮染料）；作为有机合成中间体，用于制备农药、高分子材料等；作为酶抑制剂的研究模型，用于探究叶酸代谢相关酶的功能。总体来说，磺胺类物质是从抗菌功臣到多领域应用的化学奇迹。

七、参考文献

1. 巢磊．磺胺类药物在水产养殖中的应用［J］．水利渔业，2002，22（3）：50-51.

2. 张梦雪，赵义良，苏青，等．水产品中磺胺类药物残留危害及常用检测方法［J］．今日畜牧兽医，2019，35（7）：79-80.

3. 范德玲，马益，刘济宁．化学品鱼类急性毒性 QSAR 模型研究［J］．现代化工，2011，31（S2）：120-126.

4. 叶常明，雷志芳，王宏，等．有机物辛醇/水分配系数的计算方法-分子碎片常数法［J］．环境化学，1994，13（3）：239-241.

实验二十七

猪心中细胞色素C的提取、纯化与检测

一、实验目的

1. 掌握以猪心为原料来提取并纯化细胞色素C。
2. 掌握透析、树脂柱的使用。
3. 掌握分光光度计的使用。

二、实验原理

细胞色素C是呼吸链中重要的电子传递体，细胞色素包含很多种，细胞色素C只是细胞色素的一种。细胞色素C主要存在于线粒体中，需氧最多的组织及酵母细胞和心肌细胞中，细胞色素C的含量非常丰富。目前来看，心血管疾病、脑组织损伤、癌症、败血症、糖尿病和神经性疾病在全球的发病率都非常高，在这些疾病中，细胞色素C均表现出不同程度的代谢紊乱。细胞色素C是由两个无活性的前体分子合成的，即前细胞色素C和亚铁血红素。细胞色素C（cytochrome C）是细胞呼吸激活剂，是含铁卟啉的色蛋白质。在心肌与其他做剧烈运动的肌肉中含量最为丰富。细胞色素C主要作为电子载体或者氧化还原酶参与细胞的能量传递过程。

细胞色素C的研究对现代生物药物有着很重要的意义。生物制药是近几十年来研究的热门领域，而且细胞色素C在临床上的应用十分广泛，在抢救患者生命中也扮演着非常重要的角色。细胞色素C能用于各种组织细胞缺氧的治疗，比如一氧化碳中毒的患者还有心肌缺氧的患者都可以通过注射细胞色素C来得到及时的抢救。目前很多高发的疾病和难以治愈的慢性疾病都和细胞色素C有关。细胞色素C对细胞的凋亡、细胞组织的生长、细胞器官的发育都有着很大的影响。细胞色素C广泛存在于人体细胞中，所以细胞色素C对人体机能的平衡影响也非常大，因此细胞色素C的研究对生物学有着重大的意义。

动物心脏中含有丰富的细胞色素C。细胞色素C的提取工艺也非常简单，利用其易溶于酸的特性，通过简单的吸附法能简单、有效地得到细胞色素C提取物。原料的来源也非常多，动物的心脏含有丰富的细胞色素C。所以细胞色素C的药物制品是一种廉价又使用效果很好的药物，值得研究和发展。本实验正是从猪心中提取细胞色素C。硫酸铵盐析可明显提高细胞色素C的纯度，主要去除杂蛋白。另外，三氯乙酸可引起细胞色素C变性和聚合，必须严格控制三氯乙酸的用量。发展简单、快速的细胞色素C的检测方法对于临床检测和生物学研究具有重要意义。

三、实验仪器与药品

1. 仪器

绞肉机、电磁搅拌器、电动搅拌器、离心机、722型分光光度计、玻璃柱（2.5 cm×

30 cm）一根、不同容量烧杯若干、量筒、移液管、抽滤机、透析纸、滤纸、纱布、玻璃漏斗。

2. 药品

猪心（市场购买的新鲜猪心）、1 mol/L H_2SO_4 溶液、1 mol/L $NH_3 \cdot H_2O$（氨水）溶液、0.2% NaCl 溶液、25%$(NH_4)_2SO_4$ 溶液：100 mL 溶液中含 25 g $(NH_4)_2SO_4$，约为 25 ℃时 40%的饱和度、0.6 mol/L 磷酸氢二钠溶液、20%三氯乙酸（TCA）溶液、人造沸石（$Na_2O \cdot Al_2O_3 \cdot xSiO_2 \cdot yH_2O$），白色颗粒，不溶于水，溶于酸，选用 60～80 目、连二亚硫酸钠。

四、实验步骤

1. 细胞色素 C 的提取

取新鲜的猪心一颗，去除血块、肌腱和脂肪，切成条块状，洗掉血液，用绞肉机将其绞碎。称取心肌碎肉，加入 1～2 倍量的蒸馏水搅拌均匀，用 1 mol/L 的硫酸调整 pH 值到 4 左右，在常温条件下搅拌提取 2 h，然后进行压滤，滤液用 1 mol/L 的氨水调节 pH 值至 6.2，离心，得到提取液。滤渣再加等量蒸馏水同上方法重复提取一次，合并两次提取液。提取液加入 2 mol/L 氨水调节 pH 值至 7.5，再在冰水浴中静置沉淀杂蛋白，吸取上层清液，每升提取液加入 10 g 人造沸石，搅拌吸附 40 min，静置，去掉上层清液。收集吸附细胞色素 C 的人造沸石，再用蒸馏水洗涤 3 次，2 g/L 的氯化钠洗涤 4 次，再用蒸馏水洗至洗液澄清为止。过滤抽干，装入柱内，用 25%硫酸铵溶液进行洗脱，得到洗脱液。

2. 细胞色素 C 的纯化

将洗脱液加入固体硫酸铵达到 45%的饱和度（相对密度 1.21～1.23），使杂蛋白析出，然后过滤。收集透明液体，然后慢慢加入 20%的三氯乙酸（25 mL/L，按体积计算），边加边搅拌，使细胞色素 C 沉淀析出，离心收集沉淀。将沉淀溶于蒸馏水，装入透析袋中，用纯水透析至无硫酸根为止，最后过滤得到细胞色素 C 粗品溶液。粗品溶液通过处理好的 Amberlite IRC-50 树脂柱吸附，然后将树脂移入大烧杯中，用水洗到澄清为止，再分别上柱，用 0.6 mol/L 磷酸氢二钠和 0.4 mol/L 氯化钠混合溶液洗脱，流速为 2 mL/min。洗脱液用蒸馏水透析去离子，得到细胞色素 C 精制液。

3. 细胞色素 C 的含量测定

本实验得到的细胞色素 C 是氧化型和还原型的混合物，因此在测定含量时，要加入连二亚硫酸钠，使混合物中的氧化型细胞色素 C 转变为还原型。还原型的细胞色素 C 水溶液在波长 520 nm 处有最大吸收值，根据这一特性，用国产 722 型分光光度计选一标准品，作出细胞色素 C 浓度和对应的光吸收值的标准曲线，然后根据所测溶液的光吸收值，由标准曲线的斜率求出所测样品的含量。

五、问题讨论

1. 为什么在提取过程中需要将 pH 值调节到 4 和 6.2？这些 pH 值对细胞色素 C 的提

取效果有什么影响？

2. 为什么在提取液中加入人造沸石？人造沸石的作用是什么？

3. Amberlite IRC-50 树脂在纯化细胞色素 C 的过程中有什么作用？如何确保树脂的正确处理和洗脱？

4. 为什么需要将氧化型细胞色素 C 转化为还原型？转化后的还原型细胞色素 C 的光谱特征如何帮助测定其含量？

5. 如何使用标准曲线来准确测定细胞色素 C 的浓度？在建立标准曲线时需要注意哪些实验条件和步骤？

6. 对实验改进有哪些设想和建议？

六、知识链接

细胞色素 C 的发现始于 20 世纪 20 年代。它最初由英国生物化学家 David Keilin 发现，并且命名为“细胞色素”（cytochrome），源于其具有色素的性质。Keilin 发现，细胞色素 C 是一种细胞色素，具有电子转移的功能。20 世纪 50 年代，科学家们开始揭示细胞色素 C 的具体结构。尤其是 John Kendrew 和 Max Perutz 在 20 世纪 50 年代末期，通过 X 射线晶体学技术，成功解析了细胞色素 C 的三维结构，确认了其包含铁原子的特征。这项工作为后来的研究奠定了基础，并使他们获得了 1962 年的诺贝尔化学奖。细胞色素 C 在细胞内主要位于线粒体中，它在细胞呼吸链中扮演着重要的角色。作为电子传递链的一个关键组件，将电子从细胞色素 b-c1 复合体转移到细胞色素氧化酶复合体，最终还原氧气为水。细胞色素 C 还参与细胞凋亡（程序性细胞死亡）的过程。在某些条件下，它还会从线粒体释放到细胞质中，并激活细胞凋亡信号通路。

七、参考文献

1. 高小娥．猪心中细胞色素 C 的提取与鉴定［J］．南方农机，2016（10）：23-26.

2. 杨泽栋，李永东．细胞色素 C 评价心肌细胞凋亡的研究进展［J］．医学综述，2012，（3）：33-36.

3. 王艳杰，邓雯，张鹏飞．细胞色素 C 与细胞凋亡研究进展［J］．动物医学进展，2012，（3）：15-18.

实验二十八

白首乌黄酮的提取与细胞毒性研究

一、实验目的

1. 优化白首乌黄酮提取的工艺条件。
2. 研究白首乌黄酮对白血病细胞增殖的抑制作用。
3. 掌握细胞的培养以及酶标仪的使用。

二、实验原理

白首乌（*Cynanchum auriculatum*）是萝藦科（Asclepiadaceae）鹅绒藤属（*Cynanchum* L.）植物。耳叶牛皮消，江苏省滨海县主产，表面呈黄褐色或淡棕色，当地耳叶牛皮消的产量占全国总产量的95%以上，被誉为我国的“首乌之乡”。滨海白首乌，又称白人参，在抗肿瘤、保肝护肝、养血益精、降血脂、延缓衰老、促进毛发生长等方面有着独特的作用，也是我国传统的“药食同源”地产食材、中药材。目前，从白首乌中分离得到的化学成分有C21甾苷、磷脂类、黄酮类等。

黄酮类化合物（falconoid），又称生物类黄酮（bioflavonoid），是指具有色酮环与苯环为基本结构的一类化合物的总称，属于植物的次级代谢产物，在植物的叶子和果实中少部分以游离形式存在，大部分与蔗糖合成甙类，以配基形式存在。在1952年之前，化学家们发现了一个以2-苯基色原酮为基本母核的系列化合物，黄酮类化合物是由A和B两个苯环通过中央三碳链（C6-C3-C6）相互连接而成的一类化合物。这些黄色固体通常为结晶型，然而，花素苷和黄酸素等少数黄酮类化合物却呈现无定形粉末状。此外，很多黄酮类化合物结构上均带有酚羟基且位置不同导致各自表现出不同强烈程度的酸性。在五千多种植物中都已经检测出含有黄酮类物质，例如白首乌、费菜、葛根以及山楂等草药。黄酮类化合物具有多种功能，包含抗疲劳、抗氧化、抗炎、抗癌、降血糖作用等。黄酮类化合物是既有草本医学应用又有潜在药理活性作用的天然产物。

白血病，一种常见的恶性肿瘤，是血液系统中骨髓内细胞DNA的异常变化而导致的。正常情况下，骨髓干细胞能够在极短时间内产生数以千计的红细胞和白细胞，并确保身体正常运作。然而，在白血病患者的身体里，未成熟的白细胞会过度生长，并对其他器官造成影响，从而导致机体无法生成足够数量、足够健康的红细胞和白细胞。不仅如此，白血病也会扩散至其他部位，影响淋巴、脾脏、肝脏、中枢神经系统等重要组织。这些异常增生并高度具有侵略性的癌细胞，容易聚集并在一个或多个特定器官中产生堵塞性影响。例如，在造血组织、皮肤及黏膜组织表面、心包腔以及消化道等处都可能发生出血现象。目前主要以化疗、药物治疗和造血干细胞移植（HSCT）为主，HSCT是目前唯一可能治愈的方法。此外，同种移植能使部分患者得到治愈，而白血病的治疗药物很容易产生耐药性，所以积极寻找新的有效药物是一个重要的突破点。

三、实验仪器与药品

1. 仪器

电子天平、超纯水仪、锥形瓶、WFJ 2000 型可见分光光度计、FW80 高速万能粉碎机、pH 计、KQ5200DE 超声清洗仪、96 孔细胞培养板、细胞培养箱、EP 管、超净工作台、倒置显微镜、微量加样器、低温离心机、酶标板振荡器以及酶标仪。

2. 药品

白首乌粉末来自江苏省滨海县果老首乌种植基地、乙醇（分析纯）(Sigma 公司)、人白血病 HL-60 细胞来自上海康朗生物科技有限公司、二甲基亚砜（DMSO）来自 Sigma 公司、1640 完全培养液来自美国 Gibco 公司、胎牛血清来自美国 Gibco 公司、5 mg/mL MTT 溶液来自上海沪震实业有限公司、PBS 溶液来自上海沪震实业有限公司。

四、实验步骤

1. 滨海白首乌黄酮的提取

称取 5 g 干燥粉末，放入锥形瓶中，按液料比 20∶1 加入不同体积分数的乙醇，分别为 75％、80％、85％、90％、95％，用超声清洗仪提取 25 min，在温度为 50 ℃下以 400 W 的超声功率，通过抽滤定容得到提取液，使用 WFJ 2000 型可见分光光度计测定在 510 nm 处的吸光度值，计算出黄酮含量。

2. 考察不同提取条件对获得黄酮含量的影响

不同液料比：以白首乌为样品进行黄酮含量测定的实验中，我们先准确地称取 5 g 干燥粉末，放入锥形瓶中，按液料比 10∶1、20∶1、30∶1、40∶1、50∶1 分别加入体积分数为 80％的乙醇，用超声清洗仪提取 25 min，选择温度为 50 ℃和 400 W 的超声功率，其他条件不变。

不同超声时间：以白首乌为样品进行黄酮含量测定的实验中，我们先准确地称取 5 g 干燥粉末，放入锥形瓶中，按液料比 30∶1 加入体积分数为 80％的乙醇，然后，在不同超声时间（10 min、20 min、30 min、40 min、50 min），用 50 ℃的提取温度和 400 W 的超声功率提取，其他条件不变。

不同超声温度：以白首乌为样品进行黄酮含量测定的实验中，我们先准确地称取 5 g 干燥粉末，放入锥形瓶中，按液料比 30∶1 加入体积分数为 80％的乙醇，在不同超声温度（20 ℃、30 ℃、40 ℃、50 ℃、60 ℃）下，使用 400 W 的超声功率提取 30 min，其他条件不变。

3. 滨海白首乌黄酮对白血病细胞增殖的抑制

细胞培养：HL-60 细胞用含 20％胎牛血清的 RPMI1640 培养液在 37 ℃、相对湿度为 95％、CO_2 体积分数为 5％的培养箱内常规培养，2～3 天传代一次，取对数生长期细胞进行实验。

实验组：所用细胞为状况良好的对数期细胞。将细胞悬液稀释至 2×10^5 个/mL，加入EP管中，将细胞悬液按每孔 100 μL 依次加入 96 孔板，分成四组，分别加入 100 μg/mL、75 μg/mL、50 μg/mL、25 μg/mL 的（用 RPMI 1640 培养液配制）滨海白首乌黄酮提取液 80 μL，每组（各浓度）做四个重复孔，标记编号。

对照组：采用 100 μL 细胞悬液和 20 μL 完全培养液，重复四个孔。

空白组：在培养板边缘一圈的空白孔中加入 PBS 溶液，重复四个孔。标记后将细胞板放入二氧化碳培养箱，培养 12 h、24 h、48 h。

添加 MTT 溶液共培养：规定时间后取出 96 孔板，用显微镜观察细胞状态。将 96 孔板放入超净工作台，每孔加 20 μL 5 mg/mL MTT 溶液，轻轻摇晃混匀，重新放回二氧化碳培养箱继续培养 4 h，然后取出培养板，此时能够观察到不同培养孔的培养液的颜色是不一样的，小心将培养液吸弃，可看到细胞内有甲臜形成。向细胞培养孔里依次加入 150 μL 二甲基亚砜（DMSO），放置于酶标板振荡器上，低速振荡 10 min，等待甲臜结晶溶解。将 96 孔板放入酶标仪读数，酶标仪检测波长设置为 490 nm 和 630 nm。

五、问题讨论

1. 黄酮类化合物在其他疾病治疗中的应用有哪些？它们具有哪些可能的药理作用？
2. 超声波辅助法提取植物中有效成分相比传统提取方法有何优势？
3. 在进行黄酮类化合物的提取和生物活性测试时，你认为哪些实验条件是最关键的？
4. 对实验改进有哪些设想和建议？

六、知识链接

当前世界上主要有两百多种白首乌品种，根据其植物来源的不同，将其分为三种不同的类型，分别是：戟叶牛皮消（CW）、隔山牛皮消（CB）和耳叶牛皮消（CA）。戟叶牛皮消，又称泰山白首乌，为萝藦科植物白首乌的干燥块根。其形状各异，表面粗糙不平；生于山地灌丛、山坡林下、路边、林缘草甸，在我国山东及江苏主产。泰山白首乌是一种非常珍贵的药材，它富含多种营养成分和微量元素，其中包括磷脂、挥发油和苯乙酮等化学物质。此外，它还含有丰富的粗蛋白、粗脂肪、游离糖和淀粉等营养成分。而且，泰山白首乌也蕴含了不少人体所需的维生素及必需的微量元素，尤其是钙、磷和铜的含量较为突出。隔山牛皮消是白首乌的一种，肉质根近纺锤形，灰褐色，表面为土黄色，生长于海拔 800～1300 m 的山坡、山谷、灌木丛中或路边草地；分布于朝鲜、日本和中国，在中国分布于西部地区、江苏、安徽、湖南、湖北和四川等省区。地下块根供药用，用以健胃、消饱胀、治噎食，还具有抗肿瘤、抗氧化、抗衰老、保肝、免疫调节的作用。因此，经常食用泰山白首乌能够起到很好的滋补保健作用，并在一定程度上发挥促进人体代谢、增强人体免疫力等功效。

七、参考文献

1. 张明，沈明晨，陈镭，等. 白首乌的化学成分、药理作用及栽培技术综述［J］. 江苏农业科学，

2022，50（2）：22-29.

2. 陈亚，徐晓燕．白首乌的药理作用及其开发利用［J］．时珍国医国药，2013，24（4）：936-937.

3. 孙倩，冯进，李春阳，等．滨海白首乌黄酮超声辅助提取工艺优化［J］．江西农业学报，2020，（12）：60-64.

4. 张铭清．中华补血草黄酮抑制白血病细胞增殖的初探［J］．安徽农学通报（上半月刊），2011，17（1）：54-55.

实验二十九

蜂类壳聚糖的提取、检测与流变性质研究

一、实验目的

1. 了解壳聚糖的来源与性质，学习蜂类壳聚糖的提取、检测与流变性质研究方法。
2. 掌握苯酚硫酸法、BCA（bicinchoninic acid）法检测壳聚糖含量和蛋白含量。
3. 学会用旋转流变仪测定壳聚糖溶液的性质，掌握 Origin 分析流变学数据的方法。

二、实验原理

甲壳素，又被称为几丁质、甲壳质，作为第二大天然多糖存在于自然界中，也是甲壳类昆虫和动物外骨骼的重要组成成分。当甲壳素脱乙酰度达到 55%以上时可得到壳聚糖(chitosan)。壳聚糖固体表面带有金属光泽，一般呈淡黄色或白色，化学性质稳定，无味、无臭、无毒。中性的壳聚糖羟基与氨基之间形成的键比较牢靠，导致分子间作用力变大，在水溶液中不利于键的解开，使其几乎不溶于水，但可溶于稀酸、稀碱以及其他有机溶剂。

壳聚糖被广泛应用于食品添加剂、化妆品、环保和医药等行业。由于壳聚糖无毒且无污染，在食品行业中得到更多人的青睐。壳聚糖还可以形成半透性生物薄膜，能有效隔绝空气及细菌，同时也能阻止食品内部水分蒸发，因此，在生活中被用作防腐保鲜剂。此外，壳聚糖还具有调节免疫力、促进胃肠道消化、降低胆固醇的功能，与酸性多糖反应可避免发生甜食功能障碍症，可用作低热值甜味剂等。因此，壳聚糖被营养学家称为继蛋白质、矿物质、维生素、脂肪和碳水化合物之后的第六生命要素。

蜜蜂在分类上属节肢动物门、昆虫纲、膜翅目、蜜蜂属，是全球最重要的昆虫资源之一。工业上多采用化学法制备壳聚糖，一般是从虾壳、蟹壳或者蜂壳中提取。先将壳清洗干净，再加入盐酸溶液脱钙，清洗干净后加入低浓度的氢氧化钠溶液进行脱蛋白处理，洗至中性后加入高锰酸钾和草酸溶液进行脱色处理，干燥后得到甲壳素，再加入高浓度的氢氧化钠进行脱乙酰基处理，过滤洗涤后即得到壳聚糖。也可选用生物法提取，在提取甲壳素阶段，使用蛋白酶对蛋白质进行水解，形成多肽，使其从原料中脱离出来，从而达到脱蛋白的目的。最后再通过高浓度的氢氧化钠溶液进行脱乙酰基得到壳聚糖。

流变学是研究物体在外力作用下形变和流动规律的学科。在众多领域，如材料科学、化学工程、生物医学工程、食品科学及土木工程等，流变学都扮演着重要的角色。随着科学技术的发展，流变学也不断发展完善。对流变性质的研究十分重要，因为它可以为物理学、化学、材料科学等学科提供基础理论和核心技术支持，如液态物体的迁移、水稳定性研究、制药、制高分子材料等，可以帮助人们更好地理解材料的本质特性，并为相关领域的研究和应用提供理论基础。

三、实验仪器与药品

1. 仪器

三口烧瓶、圆底烧瓶、机械搅拌器、KQ-300E 型超声波清洗仪、离心机、烧杯、抽滤装置、油浴锅、电热套、电子天平、数显恒温水浴锅、电热鼓风干燥箱、紫外-可见吸收光谱仪、旋转流变仪。

2. 药品

小蜜蜂（中药制药）、无水乙醇（分析纯）、盐酸（分析纯）、氢氧化钠（分析纯）、高锰酸钾（分析纯）、冰醋酸（分析纯）、BCA 试剂盒、苯酚（分析纯）、浓硫酸（分析纯）、葡萄糖。

四、实验步骤

1. 壳聚糖的制备

取预处理过的小蜜蜂原料 30 g，分别加入 1 mol/L 的 HCl，以 1∶15（m/V）的料液比，用机械搅拌装置在设置温度为 30 ℃的水浴锅中搅拌 2 h，转速为 200 r/min。过滤，用蒸馏水洗涤，重复 3 次，放入烘箱内，在 60 ℃下烘干，备用。将已经脱钙完成后的原料放置于烧杯中，加入 1 mol/L 的 NaOH 溶液，以 1∶15（m/V）的料液比，用机械搅拌装置在设置温度为 90 ℃的水浴锅中搅拌 2 h，转速为 200 r/min。过滤，用蒸馏水洗涤，直到洗至中性以去除蛋白质和脂肪。将脱蛋白之后的原料置于烧杯中，加入适量高锰酸钾溶液（2%）进行 2 h 的脱色反应，过滤固体，用蒸馏水完全洗去草酸，最终通过减压抽滤收集固体，放入烘箱内烘干，即得到淡黄色或白色的甲壳素。将制得的甲壳素置于圆底烧瓶中，加入 50% NaOH 溶液，以 1∶15（m/V）的料液比，在设置温度为 90 ℃的油浴锅内反应 8 h，关掉仪器，抬空圆底烧瓶，冷却至室温，再对其进行过滤，洗涤数次，直至最后一次滤液呈中性则洗涤完全。将滤纸上的固体转移至锡纸盒内，放入设置温度为 40 ℃的烘箱内进行烘干。烘干后的产品即为壳聚糖。

2. 壳聚糖含量的检测

利用苯酚硫酸法检测多糖含量，取 1 mg 产物于 2 mL 的离心管，加入 1 mL 去离子水，溶解，再稀释配制 100 μg/mL 的溶液。按照苯酚硫酸法标准曲线配比表配制葡萄糖标准液、9%苯酚液（现用现配）、浓硫酸试剂、灭菌蒸馏水，20 μL 的产物样本加入 20 μL 苯酚液，再加入 100 μL 浓硫酸，混合均匀后，在水浴锅 90 ℃下水浴 15 min，冷却至室温，于 490 nm 测定吸光度，并将测得的吸光度带入标准曲线中，可获得多糖浓度。依据标准曲线计算胞外多糖的含量。

采用 BCA 法测定蛋白含量，实验原理主要依据蛋白与 Cu^{2+} 接触，可将 Cu^{2+} 还原成 Cu^{+}，将 BCA 原本的绿色溶液还原成紫色复合物。配制 100 μg/mL 的样品溶液，依据试剂盒说明书，于 562 nm 测定吸光度，依据标准曲线，计算得到纯化多糖中蛋白的含量。

3. 壳聚糖流变性质的测定

分别取 0.1 g 的壳聚糖样品置于烧杯中，用醋酸缓冲溶液配制成 2%的壳聚糖溶液，用 KQ-300E 型超声波清洗仪使烧杯中的固体完全溶解，然后将制备好的壳聚糖溶液转移至离心管中。在 8000 r/min 的条件下，使用离心机离心 10 min 以去除溶液中的气泡，得到透明无颗粒的壳聚糖溶液，放在 4 ℃的冰箱中保存备用。采用直径为 40 mm 的电解铝夹具，设置夹具底部到平板的距离，即 GAP 值为 1000 μm。测量时先开启储气罐，等到压力保持稳定后再打开流变仪开关，待流变仪数据稳定后，打开计算机和流变仪配套软件，进行校准，校准完毕后打开冷凝水，开始测量壳聚糖溶液的流变性能。

（1）黏度关系测试

测量方法：在 25 ℃平衡 1 min，在对壳聚糖溶液进行稳态流动测试时，剪切速率为 0.1～1000 s^{-1}，每一个数量级取 20 个点。

（2）动态模量测试

温度扫描：测量温度为 25～45 ℃，测量频率为 1 Hz，测量应变为 2%，加热速度为 5 ℃/min，每一个数量级取 20 个点。

时间扫描：测量时间为 0～300 s，扫描频率为 1 Hz，测量应变为 2%，温度为 25 ℃，每一个数量级取 20 个点。

应变扫描：应变扫描为 0.1%～1000%，扫描频率为 1 Hz，测量温度为 25 ℃，每一个数量级取 20 个点。

频率扫描：频率振荡幅度为 0.1～10 Hz，控制测量应变 2%和温度 25 ℃，每一个数量级取 20 个点。

五、问题讨论

1. 举例两种以上壳聚糖的性质和用途。
2. 化学法与生物法提取壳聚糖的优缺点分别是什么？
3. 在苯酚硫酸法检测壳聚糖含量过程中会有什么问题？
4. 多糖的结构可以通过哪些手段进行表征？
5. 旋转流变仪检测稳态和动态模式有何区别？
6. 对实验改进有哪些设想和建议？

六、知识链接

壳聚糖中含有羟基、氨基等极性基团，吸湿性很强，可以用作化妆品的保湿剂。壳聚糖游离氨基的邻位为羟基，有螯合二价金属离子的作用，壳聚糖可以螯合重金属离子，作为体内重金属离子的排泄剂，是高性能的金属离子捕集剂。壳聚糖在水中长期放置会发生水解，葡萄糖环开环。壳聚糖因为具有游离氨基可以被开发作为抗原、抗体、酶等生理活性物质的固定化载体。壳聚糖由于物理、化学及生物性能良好，对有机溶剂稳定性极好，方便进行二次加工。壳聚糖在食品、造纸、印染、环境保护、纺织、水处理、医疗、重金属回收等方面应用前景广阔。

七、参考文献

1. 王稳航，刘安军，黄巍，等．卤蝇蛆壳甲壳素的提取及壳聚糖的制备工艺［J］．食品与发酵工业，2003，29：18-22.

2. 张英锋，阮栋梁．甲壳素——“第六生命要素”［J］．化学教育，2003，9：1-3.

3. Hamdi M，Nasri R，Hajji S，et al. Acetylation degree，a key parameter modulating chitosan rheological，thermal and film-forming properties［J］. Food Hydrocolloids，2019，87：48-60.

实验三十

黄连中黄连素的提取与检验

一、实验目的

1. 学习从中草药中提取生物碱的原理和方法。
2. 进一步掌握索氏提取器的使用方法，巩固减压过滤操作。
3. 学会黄连素的检验方法。

二、实验原理

黄连素（也称小檗碱），是从毛茛科黄连属植物黄连的根皮中提取的异喹啉类生物碱，是中草药黄连的主要有效成分，其含量可达10%。除了黄连中含有黄连素以外，黄柏、白屈菜、伏牛花、三颗针等中草药中也含有黄连素，其中以黄连和黄柏中含量最高。黄连素有抗菌、消炎、止泻的功效，对急性菌痢、急性肠炎、百日咳、猩红热等各种急性化脓性感染和各种急性外眼炎症都有效。

黄连素是黄色针状体，微溶于水和乙醇，较易溶于热水和热乙醇，几乎不溶于乙醚。黄连素的盐酸盐、氢碘酸盐、硫酸盐、硝酸盐均难溶于冷水，易溶于热水，故可用热水对其进行重结晶，从而达到纯化的目的。

黄连素在自然界多以季铵碱的形式存在，其合成反应如下：

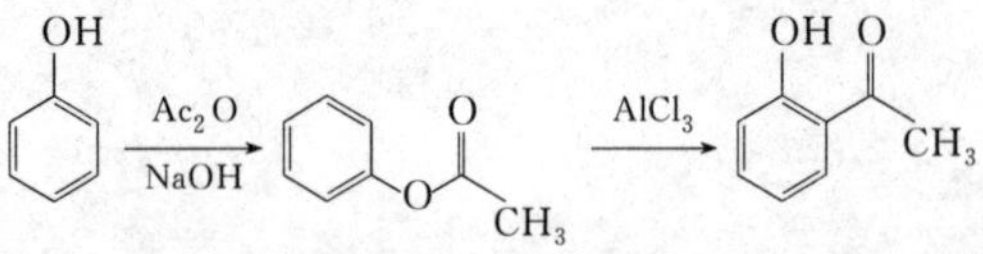

从黄连中提取黄连素，往往采用乙醇、水、硫酸等溶剂。通过脂肪提取器连续抽提，然后浓缩，再加以酸化，得到相应的盐。粗产品可以采取重结晶等方法进一步提纯。黄连素被硝酸等氧化剂氧化，转变为樱红色的氧化黄连素。黄连素在强碱中部分转化为醛式黄连素，在此条件下，再加几滴丙酮，即可发生缩合反应，生成丙酮与醛式黄连素缩合产物的黄色沉淀。

三、实验仪器与药品

1. 仪器

圆底烧瓶、恒温电热套、索氏提取器、球形冷凝管、分液漏斗、烧杯、直形冷凝管、尾接管、干燥箱。

2. 药品

黄连、乙醇、醋酸、浓盐酸、浓硫酸、丙酮、氢氧化钠、浓硝酸。

四、实验步骤

1. 称取中药黄连 5 g，切研碎磨烂，装入索氏提取器的滤纸套筒内，烧瓶内加入 50 mL 95%乙醇，加热萃取 2～3 h，至回流液体颜色很淡为止。

2. 减压蒸馏，回收大部分乙醇，至瓶内残留液体呈棕红色糖浆状时，停止蒸馏。

3. 向浓缩液里加入 1%的醋酸 15 mL，加热溶解后趁热抽滤去掉固体杂质，在滤液中滴加浓盐酸，至溶液浑浊为止（约需 10 mL）。

4. 用冰水冷却上述溶液，降至室温以后即有黄色针状的黄连素盐酸盐析出，抽滤，所得结晶用冰水洗涤两次，可得黄连素盐酸盐的粗产品。

5. 精制：将粗产品（未干燥）放入 100 mL 烧杯中，加入 15 mL 水，加热至沸，搅拌沸腾几分钟，趁热抽滤，滤液用盐酸调节 pH 值为 2～3，室温下放置几小时，有较多橙黄色结晶析出，抽滤，滤渣用少量冷水洗涤两次，烘干即得成品。

产品检验：

1. 取盐酸黄连素少许，加浓硫酸 2 mL，溶解后加几滴浓硝酸，即呈樱红色溶液。

2. 取盐酸黄连素约 50 mg，加蒸馏水 5 mL，缓缓加热，溶解后加 20%氢氧化钠溶液 2 滴，显橙色，冷却后过滤，滤液加丙酮 4 滴，即有浑浊现象产生。放置后生成黄色的丙酮黄连素沉淀。

注：

1. 得到纯净的黄连素晶体比较困难。将黄连素盐酸盐加热水至刚好溶解煮沸，用石灰乳调节 pH＝8.5～9.8，冷却后滤去杂质，滤液继续冷却至室温以下，即有针状体的黄连素析出，抽滤，将结晶在 50～60 ℃下干燥，熔点为 145 ℃。

2. 脂肪提取器，也可利用简单回流装置进行 2～3 次加热回流，每次约半小时，回流液体合并使用即可。

实验结果：

品名	性状	产量	收率

五、问题讨论

1. 黄连素为何种生物碱类化合物？

2. 黄连素的紫外光谱有何特征？

3. 黄连素存在以下三种互变异构体，但自然界多以季铵碱的形式存在。

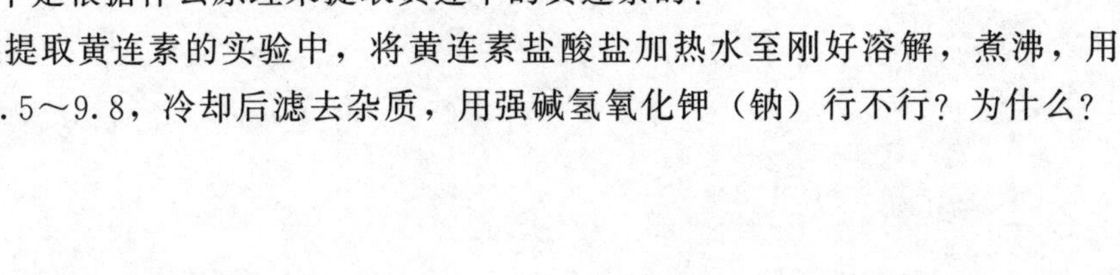

实验中是根据什么原理来提取黄连中的黄连素的？

4. 在提取黄连素的实验中，将黄连素盐酸盐加热水至刚好溶解，煮沸，用石灰乳调节 pH＝8.5～9.8，冷却后滤去杂质，用强碱氢氧化钾（钠）行不行？为什么？

六、知识链接

黄连是中华民族传统的中草药，有着两千多年的历史，含有多种活性成分，如生物碱类、木脂素类、黄酮类、酸性成分等，具有多信号、多靶点、多通路的神经保护作用，如抗炎、抗氧化应激、线粒体保护等多种药理作用。研究表明，黄连可能通过抗氧化应激、线粒体保护、抑制神经炎症、抑制细胞凋亡等作用机制起到神经保护作用，还有镇痛、抗炎、促进骨再生等作用。黄连及其有效成分黄连素在脑缺血损伤、阿尔茨海默病、帕金森病、亨廷顿舞蹈症、癫痫等神经退行性疾病中展现出良好的应用前景，还可有效改善类风湿关节炎的持续性炎症、关节结构的破坏和功能障碍。

七、参考文献

1. 仝洺慧，朱越，李佳凝，等．低共熔溶剂对黄连中生物碱绿色提取工艺的优化［J］．中成药，2023，45（9）：3014-3017.

2. 吕江如．黄连素的提取工艺功能作用及应用［J］．化工管理，2021，（22）：166-168.

3. 卢俊．基于溶剂浸提法的黄连素提取效果分析［J］．鄂州大学学报，2020，27（6）：110-112.

实验三十一

抗氧化肽的分离、纯化及抗氧化活性分析

一、实验目的

1. 了解海洋鱼子抗氧化肽的分离方法。

2. 学习使用柱层析和制备型液相色谱技术对海洋鱼子中的抗氧化肽进行分离与纯化的技术。

3. 掌握使用 DPPH-HPLC 在线技术分析抗氧化活性物质的方法。

二、实验原理

现代医学研究表明，很多疾病的发生都与自由基氧化损伤有关，自由基可使正常及缺血组织细胞受到严重损伤，自由基一旦生成，即可经其中间代谢产物不断扩展生成新的自由基，形成连锁反应。目前已有研究证实，羟基自由基可攻击 DNA 的特异性碱基，从而造成 DNA 结构的损伤。此外，活性氧自由基能造成生物膜、蛋白质、核酸等不同程度的损伤。因此，寻求具有抗氧化活性的药物对机体中自由基的清除具有重要意义。

海洋生物资源约占全球生物总量的一半，其中，海洋蛋白资源无论在种类上还是数量上都远大于陆地蛋白资源。此外，海洋生物中存在诸多天然活性多肽，其中不少海洋生物活性肽具有显著的抗肿瘤功能，因此，海洋生物活性肽具有很大的开发潜力。鱼子，是水产加工中一种重要的副产物，具有很高的营养价值，其氨基酸种类及含量都很丰富，具有多种生物活性，在医疗、化妆品等行业均有应用。鱼子多肽是由鱼籽经酶解制备而成的一种以小分子肽为主的肽类混合物，具有多种生物活性，在降血压、降血糖、抗氧化、抗菌等方面具有重要作用，应用前景十分广阔，研究其生物活性对合理开发和有效利用具有重要意义。抗氧化肽的抗氧化作用机制十分复杂，可通过提供还原力、清除自由基、螯合金属离子、氧化损伤保护以及调节机体抗氧化和解毒酶活性等多种方式发挥抗氧化作用。常规的评价抗氧化能力的测定方法有分光光度法、荧光光谱法、高效液相色谱法等。

本实验通过 DPPH-HPLC 技术在线筛选的方法，从海洋鱼子中提取具有显著抗氧化活性的成分，结合柱层析和制备型液相色谱技术对其进一步分离纯化，并采用多种抗氧化活性评估手段对其抗氧化活性进行检测，旨在为海洋鱼子资源的高值化利用提供理论基础和实践依据。

三、实验仪器与药品

1. 仪器

电热鼓风干燥箱、电子天平、酶标仪、紫外检测仪、旋转蒸发仪、恒流泵、层析柱、

超声波清洗仪、循环水式多用真空泵、离心机、高效液相色谱仪、质谱分析仪以及剪切机。

2. 药品

1,1-二苯基-2-三硝基苯肼（DPPH）、无水乙醇（分析纯）、甲醇（色谱纯）CHP 20/P120 MCI 凝胶、双氧水、三氟乙酸、1,10-邻二氮菲、硫酸亚铁、磷酸二氢钠、磷酸氢二钠、还原型谷胱甘肽（GSH）、碱性蛋白酶、纯净水以及鱼子（购买）。

四、实验步骤

1. 鱼子多肽粗品的制备

鱼子加水混匀→高速剪切→碱性蛋白酶酶切→灭酶→离心（取上清液）→烘干，最终得到鱼子多肽粗品。

2. 鱼子抗氧化肽的分离与纯化

利用 CHP 20/P120 MCI 分离材料对粗品进行分离，收集不同的部位，通过 DPPH 自由基清除能力实验进行检测，筛选出活性最佳的部分。柱层析分离条件为：填料为 CHP 20/P120 MCI，柱高 14.5 cm，内径 4.6 cm，流速 7 mL/min，进样量 20 mL，浓度 100 mg/mL，检测波长 280 nm。利用制备型液相色谱对 PP-4 活性部位中具有潜在抗氧化活性的多肽进行分离，以得到目标抗氧化肽。制备型液相色谱分离条件为：Dubhe C18 制备柱（250 mm×20 mm，10 μm），流速 8 mL/min，进样量 1 mL，浓度 100 mg/mL，柱温为室温，检测波长 220 nm，流动相 A 为纯净水（含 0.1%三氟乙酸），B 为甲醇，梯度洗脱程序为 0～60 min，30% B。

3. 鱼子抗氧化肽的 DPPH-HPLC 在线筛选与鉴定

采用 DPPH-HPLC 在线筛选法筛选鱼籽抗氧化肽，利用安捷伦 1100 液相色谱仪系统对样品的抗氧化活性进行分析。取 50 μL 10 mg/mL 上述步骤中得到的 DPPH 自由基清除活性最佳的部分和等体积的 25 mmol/L 的 DPPH，迅速混合均匀，避光孵育 30 min 后，于离心机 12000 r/min 离心 3 min，取上清液装入棕色液相瓶中，同浓度的该样品加入等体积的 95%乙醇作为对照，分别进入 HPLC 进行分析。HPLC 的分析条件为：色谱柱为 ODS-BP 色谱柱（250 mm × 4.6 mm，5 μm），流速 1.0 mL/min，检测波长 220 nm，进样量 10 μL，柱温为室温，流动相 A 为纯净水（含 0.1%三氟乙酸），流动相 B 为甲醇，洗脱程序为：0～5 min，5%～5% B；5～55 min，5%～50% B；55～65 min，50%～50% B；65～67 min，50%～95% B；67～77 min，95%～95% B。用质谱法测定多肽和蛋白质的序列是根据其质谱图中的碎片离子来推导的，质谱图中出现的碎片序列信息主要是通过肽键断裂形成的。利用安捷伦 20453 TOF-Q 对鱼子抗氧化肽进行质谱分析，喷雾电离为 ESI 源，电离在正模式下进行，毛细管电压为 4500 V，干燥气保持在 4 L/min 的流速，雾化器压力为 0.4 bar（1 bar=0.1 MPa），温度为 180 ℃，端板偏移为 −500 V，碰撞能量为 300 V，扫描范围（m/z）为 21～1000，通过质谱扫描信息并结合 HMDB 信息库分析确定该样品的分子量和结构式。

4. 羟基自由基清除活性的测定

羟基自由基清除活性按照参考文献描述的方法经修改后测定。反应混悬物包含：50 μL 2 mmol/L 1,10-邻二氮菲，50 μL 2 mmol/L $FeSO_4$ 和 30 μL 0.2 mol/L 磷酸盐缓冲液（pH 7.4）与 20 μL 样品溶液（使用相同体积的蒸馏水作为对照）混合于 96 孔板中。向混合物中加入 20 μL H_2O_2（0.1%）并在 37 ℃下孵育 60 min，在波长为 492 nm 下读取吸光度值，其中，同浓度的 GSH 作为阳性对照，用公式获得羟基自由基的清除率结果：

$$SA=\frac{A_s-A_1}{A_0-A_1}\times 100\%$$

其中，A_s 是样品混合物的吸光度；A_1 是对照品的吸光度（蒸馏水代替样品）；A_0 为含有 1,10-邻二氮菲和硫酸亚铁的空白溶液的吸光度。

五、问题讨论

1. DPPH-HPLC 在线筛选法的优势和局限性有哪些？
2. 鱼籽多肽粗品的制备过程中，酶切步骤的具体条件是什么？
3. 在鱼籽抗氧化肽的分离与纯化中，为什么选择 CHP 20/P120 MCI 作为填料？
4. 羟基自由基清除活性测定中的对照样品选择有何依据？
5. 对实验改进有哪些设想和建议？

六、知识链接

自由基与抗氧化剂之间的动态平衡是指在生物体内，自由基的产生和清除之间保持的一种稳态关系。这种平衡对于维持细胞和组织的正常功能至关重要。在正常的生理条件下，自由基如超氧阴离子、羟基自由基和氢氧化物自由基在细胞的代谢过程中自然产生，这些自由基作为信号分子，在细胞的信号传导和免疫反应中发挥着重要作用。例如，超氧阴离子在细胞内的氧化还原反应中起到调节信号的作用，而氢氧化物自由基则在免疫细胞中用来杀灭病原体。然而，当自由基的产生量超过抗氧化系统的清除能力时，就会导致氧化应激现象。氧化应激是指自由基与细胞内的生物大分子（如蛋白质、脂质和 DNA）发生反应，导致这些分子的结构和功能发生变化，从而引发细胞损伤和疾病。例如，过多的自由基会导致脂质过氧化反应，损害细胞膜的完整性，进而影响细胞的功能和生命活动。为了防止自由基引发的细胞损伤，生物体内存在一系列的抗氧化防御机制。抗氧化酶如超氧化物歧化酶（SOD）、过氧化氢酶（CAT）和谷胱甘肽过氧化物酶（GPx）在清除自由基的过程中发挥着重要作用。此外，内源性和外源性的抗氧化剂，如维生素 C、维生素 E 和 β-胡萝卜素，也参与到自由基的中和过程，有效减轻氧化应激带来的损伤。因此，自由基与抗氧化剂之间的平衡对于生物体的健康至关重要。当这种平衡被打破时，过量的自由基会导致细胞和组织的损伤，增加多种慢性疾病和衰老相关疾病的风险。维持这一平衡，是防止疾病发生和促进健康长寿的关键。通过合理的饮食、健康的生活方式和必要的药物干预，增强抗氧化防御系统，能够有效地保护细胞免受自由基的损害，保持身体的健康和活力。

七、参考文献

1. 丁擘晓，韩华，王春波．海洋生物中抗氧化活性成分的研究进展［J］．中国海洋药物，2003，2（1）：45-50.

2. 张岩，吴燕燕，李来好，等．酶法制备海洋活性肽及其功能活性研究进展［J］．生物技术通报，2012（3）：42-48.

3. 胡晓，周雅，陈星星，等．罗非鱼肌浆蛋白源抗氧化肽的制备、分离纯化及其体外抗氧化活性［J］．食品科学，2021，42（3）：63-70.

第三章

能源材料化学

实验三十二

有机超强碱-含氮杂环类低共熔溶剂对 NO 气体吸收特性的研究

一、实验目的

1. 掌握有机超强碱-含氮杂环类低共熔溶剂的合成方法。
2. 了解有机超强碱-含氮杂环类低共熔溶剂吸收 NO 的原理。
3. 掌握气体溶解度数据的测试方法，能绘制出气体溶解度曲线。

二、实验原理

燃煤烟气中90%以上的氮氧化物（NO_x）为一氧化氮（NO)。NO 是造成酸雨、臭氧层空洞、光化学烟雾等环境问题的主要污染物。同时，NO 也是工业上制备含氮化合物（如：硝酸）的重要原料。因此，利用吸收剂捕集 NO，再将其解吸用于合成含氮化合物是烟气脱硝的重要方法之一。

低共熔溶剂（DESs）是由氢键供体（HBDs）和氢键受体（HBAs）按一定摩尔比构成的。由于氢键的作用，DESs 的熔点较其组分显著下降。DESs 的性质可通过改变 HBDs 和 HBAs 的种类和摩尔比进行调节。DESs 由于具有蒸气压低、液程范围宽、结构可设计等优点被广泛用于气体吸收领域。若能在 DESs 中引入能够与 NO 发生化学相互作用的官能团，则有望开发出高效捕集 NO 的吸收剂。

本实验以含氮杂环类有机物（吡咯、2-咪唑烷酮、咪唑）为氢键供体、以 DBU 为氢键受体合成 DESs，用于吸收 NO。所用各物质的结构详见图 1。DBU 为有机超强碱，具有较强的质子亲和性，能够与含氮杂环类有机物上仲胺基的 H 原子形成氢键，从而形成 DESs。当该类 DESs 与 NO 接触时，仲胺基团上的 N 原子能够与 NO 发生化学相互作用，生成重氮键[—N(NONO)ate]，从而实现对 NO 的捕集。

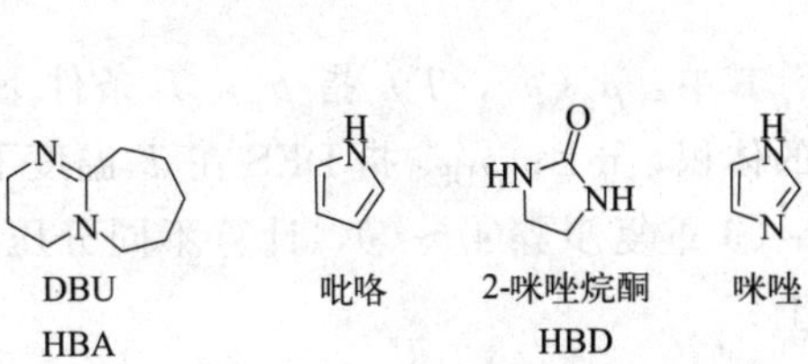

图 1　本实验所用氢键受体和氢键供体结构示意图

三、实验仪器与药品

1. 仪器

圆底烧瓶、回流冷凝管、油浴锅、双釜气体吸收装置（图 2）、干燥箱。

2. 药品

DBU（分析纯）、吡咯（分析纯）、2-咪唑烷酮（分析纯）、咪唑（分析纯）、一氧化氮（分析纯）。

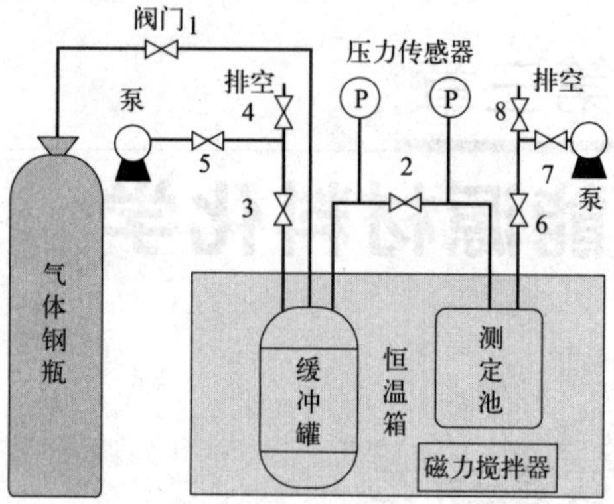

图 2　双釜气体吸收装置

四、实验步骤

1. 低共熔溶剂的制备

称取 30.4 g（0.2 mol）DBU、6.7 g（0.1 mol）吡咯置于 100 mL 圆底烧瓶中。将圆底烧瓶油浴加热至 75 ℃，反应 4 h 后即可合成 DBU-吡咯（2∶1）DES。

2. NO 吸附性能测试

① 设置双釜气体吸收装置恒温箱温度 T 为 20 ℃；

② 取一定质量（m）制备好的 DBU-吡咯（2∶1）DES 置于双釜气体吸收装置的测定池中，然后将测定池抽真空至压力低于 0.010 bar（1 bar=0.1 MPa），记录此时测定池内残余压力 p_0；

③ 打开针型阀 3 和阀 5，将缓冲罐内抽真空至 0.001 bar。然后关闭针型阀 3 和阀 5，打开针型阀 1，将大量 NO 从气体钢瓶中通入缓冲罐中，然后关闭针型阀 1。待压力稳定后，记录此时的缓冲罐压力为 p_1；

④ 打开针型阀 2，让部分 NO 从缓冲罐通入测定池中，使其与 DES 发生吸收反应。待反应达到平衡后，记录此时的缓冲罐和测定池压力分别为 p'_1 和 p_2；

⑤ 此时测定池内 NO 分压 $p_e=p_2-p_0$，根据公式(1) 计算此分压下 NO 在 DES 中的溶解度 $n(p_e)$：

$$n(p_e)=\rho_g(p_1,T)V_1-\rho_g(p'_1,T)V_1-\rho_g(p_e,T)\left(V_2-\frac{m}{\rho_{DES}}\right) \tag{1}$$

其中，$\rho_g(p_i, T)$ 指 p_i，T 条件下 NO 的密度，g/cm^3；V_1、V_2 指缓冲罐和测定池的体积，mL；ρ_{DES} 指 DES 在 T 温度下的密度，g/mL。

⑥ 重复步骤④～⑤，计算不同分压下 NO 在 DES 中的溶解度。直至 p_e 达到 1 bar 以上；

⑦ 根据不同 p_e 下的溶解度数据，绘制出该温度下的 NO 溶解度曲线；

⑧ 改变恒温箱温度（30 ℃、40 ℃和 50 ℃），重复步骤③～⑧，绘制出不同温度下的 NO 溶解度曲线；

⑨ 改变 DBU 与吡咯的摩尔比（3∶1 和 4∶1），重复步骤①，合成具有不同摩尔比的 DESs：DBU-吡咯（3∶1）DESs、DBU-吡咯（4∶1）DESs。重复步骤②～⑨，绘制相应的 NO 溶解度曲线，如图 3 所示；

⑩ 改变氢键供体，重复步骤①，合成其他两种 DESs：DBU-咪唑 DESs、DBU-2-咪唑烷酮 DESs。然后重复步骤②～⑩，记录实验数据于表 1，绘制相应的 NO 溶解度曲线如图 3。

表 1　*T* 温度下 DES 吸收 NO 的实验数据记录

缓冲罐压力/bar	测定池压力/bar	测定池 NO 平衡压力/bar
p_1	p_0	0
p_1'	p_2	p_2-p_0
…	…	…

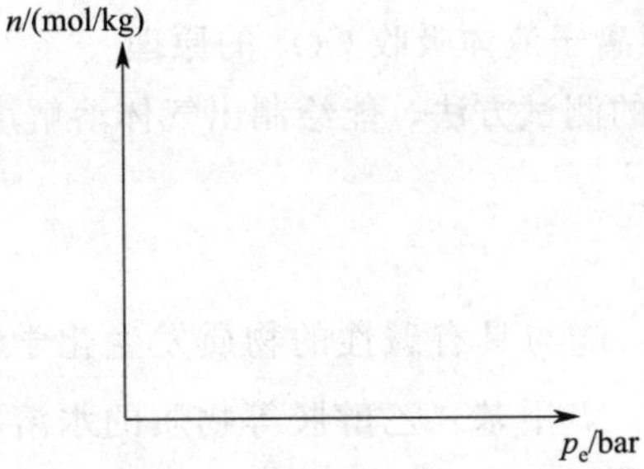

图 3　NO 溶解度曲线

五、问题讨论

1. 温度对 NO 气体溶解度有什么影响？为什么？
2. 3 种 DESs 对 NO 的吸收能力有何差异？为什么？
3. 氢键受体与氢键供体摩尔比对 DESs 吸收 NO 的能力有何差异？为什么？
4. 对实验改进有哪些设想和建议？

六、知识链接

低共熔溶剂是指由一定化学计量比的氢键受体（如季铵盐）和氢键供体（如酰胺、羧酸和多元醇等化合物）组合而成的两组分或三组分低共熔混合物，其凝固点显著低于各个组分纯物质的熔点。由 Abbott 等人于 2003 年首次报道。低共熔溶剂的物理化学性质与离子液体非常相似，因此也有人把它归为一类新型离子液体或离子液体类似物。作为一类新型溶剂，低共熔溶剂具有制备简便、成本低、毒性低、溶解性好、不易挥发等特点，因此，在电沉积、萃取分离、催化反应、纳米材料制备等诸多领域展现出良好的发展前景。

七、参考文献

1. 拉蒙 D J，吉列娜 G. 低共熔溶剂的合成、性质及应用［M］. 北京：中国轻工业出版社，2023.

2. 常捷，蔡顺华. 水泥窑烟气脱硝技术［M］. 北京：化学工业出版社，2012.

3. 黄荷梦，王海荣，朱艳青，等. 低共熔溶剂在化工分离方面的研究进展［J］. 化学工程与技术，2023，13：216-223.

实验三十三

多胺-酚类质子型离子液体对 CO_2 气体的吸收特性研究

一、实验目的

1. 掌握多胺-酚类质子型离子液体的合成方法。
2. 了解多胺-酚类质子型离子液体吸收 CO_2 的原理。
3. 掌握气体溶解度数据的测试方法，能绘制出气体溶解度曲线。

二、实验原理

CO_2 作为一种酸性气体，能与具有碱性的物质发生化学相互作用。因此工业上常采用碱性的乙醇胺、二乙醇胺、*N*-甲基二乙醇胺等物质的水溶液吸收 CO_2。然而，醇胺溶液碱性较强，其与 CO_2 相互作用力也较强，导致解吸过程能耗较高。

质子型离子液体（PILs）是由 Brønsted 酸和 Brønsted 碱按摩尔比 1∶1 发生中和反应制得的。在反应过程中，质子从酸转移到碱，从而形成阴离子和阳离子。与非质子型离子液体相比，PILs 可由一步法合成，且制备过程无副反应，因此被广泛应用于吸收、萃取、催化等多个领域。

本实验采用多胺有机物和酚类有机物反应合成 PILs 用于吸收 CO_2。多胺有机物为 Brønsted 碱，酚类有机物为 Brønsted 酸，二者反应时，酚上的 H 质子能够转移到多胺有机物的胺基上，从而形成 PILs。多胺有机物上的伯胺和仲胺以及酚酸根均具有碱性，能够吸收 CO_2。其反应机理如下：

$$2RNH_2 + CO_2 \xlongequal{} RNHCOO^- + RNH_3^+ \tag{1}$$

$$2R_1R_2NH + CO_2 \xlongequal{} R_1R_2NCOO^- + R_1R_2NH_2^+ \tag{2}$$

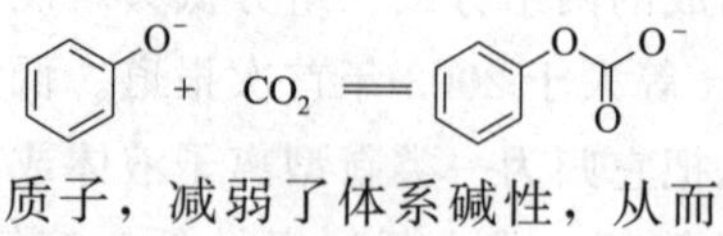
(3)

由于 PILs 体系中存在 H 质子，减弱了体系碱性，从而可以减弱其与 CO_2 之间的相互作用强度，降低再生过程的能量消耗。本实验以三乙烯四胺、四乙烯五胺分别与苯酚、愈创木酚反应制取 PILs。上述各物质结构见图 1。

三、实验仪器与药品

1. 仪器

圆底烧瓶、旋转蒸发仪、真空干燥箱、双釜气体吸收装置（实验三十二图 2）、红外光谱仪、核磁共振波谱仪。

2. 药品

三乙烯四胺（分析纯）、四乙烯五胺（分析纯）、苯酚（分析纯）、愈创木酚（分析纯)、乙醇(分析纯)、CO_2(分析纯)。

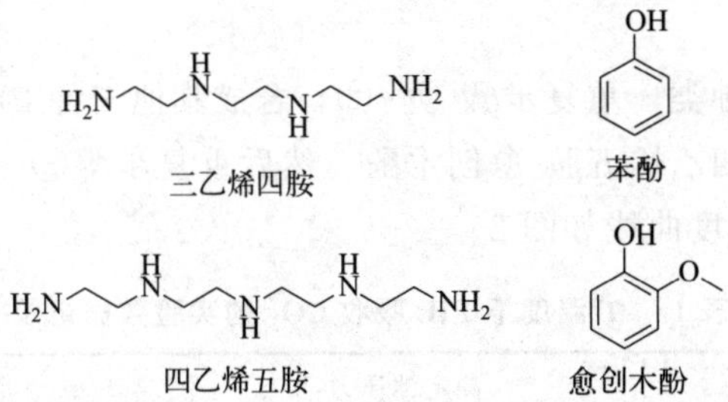

图 1 多胺和酚类物质结构示意图

四、实验步骤

1. 质子型离子液体的制备

① 称取 14.6 g(0.1 mol)三乙烯四胺、9.4 g(0.1 mol)苯酚置于 100 mL 圆底烧瓶中,然后加入 20 mL 乙醇为溶剂,搅拌,反应 24 h。

② 将圆底烧瓶中的混合溶液进行旋蒸,温度控制在 55 ℃,以除去大部分的乙醇溶剂。然后,将旋蒸后的粗产品置于真空干燥箱(温度:50 ℃)中 4 h 以除去残留乙醇,即可合成目标产物三乙烯四胺-苯酚 PIL。

2. 质子型离子液体的结构表征

使用红外光谱仪(Vertex 80/Raman Ⅱ,Bruker)和核磁共振波谱仪(Advance Ⅲ HD,Bruker)对制备的质子型离子液体进行结构表征。

3. 质子型离子液体的 CO_2 吸附性能研究

① 设置双釜气体吸收装置恒温箱温度 T 为 20 ℃。

② 取一定质量(m)制备好的三乙烯四胺-苯酚 PIL 置于双釜气体吸收装置的测定池中,然后将测定池抽真空至压力低于 0.010 bar(1 bar=0.1 MPa),记录此时测定池内残余压力 p_0。

③ 打开针型阀 3 和阀 5,将缓冲罐内抽真空至 0.001 bar。然后关闭针型阀 3 和阀 5,打开针型阀 1,将大量 CO_2 从气体钢瓶中通入缓冲罐中,然后关闭针型阀 1。待压力稳定后,记录此时的缓冲罐压力为 p_1。

④ 打开针型阀 2,让部分 CO_2 从缓冲罐通入测定池中,使其与 PIL 发生吸收反应。待反应达到平衡后,记录此时的缓冲罐和测定池压力分别为 p'_1 和 p_2。

⑤ 此时测定池内 CO_2 分压 $p_e=p_2-p_0$,计算此分压下 CO_2 在 PIL 中溶解度 $n(p_e)$:

$$n(p_e)=\rho_g(p_1,T)V_1-\rho_g(p'_1,T)V_1-\rho_g(p_e,T)\left(V_2-\frac{m}{\rho_{PIL}}\right)$$

其中,$\rho_g(p_i,T)$ 指 p_i,T 条件下 CO_2 的密度,g/cm^3;V_1、V_2 指缓冲罐和测定池的体积,mL;ρ_{PIL} 指 PIL 在 T 温度下的密度,g/mL。

⑥ 重复步骤④~⑤,计算不同分压下 CO_2 在 PIL 中的溶解度。直至 p_e 达到 1 bar 以上。

⑦ 根据不同 p_e 下的溶解度数据，绘制出该温度下的 CO_2 溶解度曲线。

⑧ 改变恒温箱温度（30 ℃、40 ℃和 50 ℃），重复步骤③～⑧，绘制出不同温度下的 CO_2 溶解度曲线。

⑨ 改变多胺和酚的种类，重复步骤①～②，合成其他三种 PILs：三乙烯四胺-愈创木酚、四乙烯五胺-苯酚、四乙烯五胺-愈创木酚。然后重复步骤③～⑨，记录实验数据于表 1，绘制相应的 CO_2 溶解度曲线如图 2。

表 1　*T* 温度下 PIL 吸收 CO_2 的实验数据记录

缓冲罐压力/bar	测定池压力/bar	测定池 CO_2 平衡压力/bar
p_1	p_0	0
p_1'	p_2	p_2-p_0
…	…	…

五、问题讨论

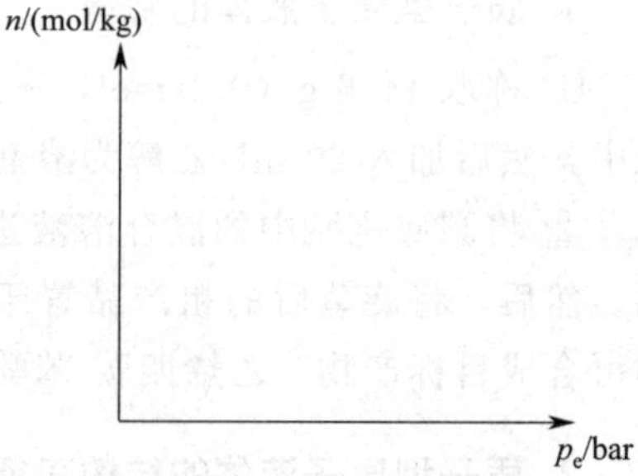

图 2　CO_2 溶解度曲线

1. 四种多胺-酚类 PILs 对 CO_2 吸收能力有何差异？为什么？

2. 温度对 CO_2 气体溶解度有什么影响？为什么？

3. 空气中 CO_2 浓度增加会导致什么问题？为了减少 CO_2 排放，生活中应该注意哪些事情？

4. CO_2 的捕集还有哪些方式？

5. 对实验改进有哪些设想和建议？

六、知识链接

离子液体又称室温离子液体、室温熔融盐或有机离子液体等，是由有机阳离子和无机阴离子组成，在 100 ℃以下呈液体状态的盐类。大多数离子液体在室温或接近室温的条件下呈液体状态，并且在水中具有一定程度的稳定性。由于有机阳离子与无机阴离子的多样性，通过改变配比组合可设计合成出具备特殊功能的离子液体新材料，因此被称为“未来的溶剂”。离子液体无味、不支持燃烧、蒸气压小且很难挥发、易回收，在工业使用中无有害气体产生，是传统有机溶剂的良好替代品。与传统常规溶剂相比，在热稳定性、导电性、气体吸收领域具有独特的优势。

七、参考文献

1. 夏春谷，李臻．功能化离子液体［M］．北京：化学工业出版社，2018.

2. 方梦祥，王涛，张翼．烟气二氧化碳化学吸收技术［M］．北京：化学工业出版社，2023.

3. 邓玉艳，陈恺伧，姚加，等．质子型离子液体离子率的研究进展［J］．中国科学：化学，2019，49：940-945.

4. 程业品，胡达清，徐奕莎，等．离子液体基低共熔溶剂在转化 CO_2 中的应用［J］．化工学报，2023，74：3640-3653.

实验三十四

氮化钛纳米管/无定型碳复合材料的合成及其氧还原性能的研究

一、实验目的

1. 了解氧还原反应的重要性，了解氧还原反应催化剂的制备、表征。
2. 学会玻碳电极的制备技术。
3. 学习用扫描电镜、X射线衍射仪、拉曼光谱对样品进行表征。
4. 掌握循环伏安测试、交流阻抗测试的原理和方法。

二、实验原理

质子交换膜燃料电池和直接甲醇燃料电池都涉及阴极的氧还原反应。该过程是一个缓慢的动力学过程，目前为止，贵金属铂基催化剂是适用最广泛、活性较好的催化剂，但是铂价格昂贵，资源匮乏，严重阻碍了燃料电池的商业化进程。同时甲醇渗透到阴极铂催化剂上发生氧化，氧化的中间体会吸附在铂催化剂上导致催化剂中毒，严重影响电池的性能。因此，开发低成本、高性能和耐甲醇的阴极催化剂有重要意义。

目前开发的非贵金属氧还原反应催化剂中，过渡金属氮化物的电子结构和贵金属类似，所以有类似贵金属的催化性能。另外，过渡金属氮化物的成本低、导电性好、物理和化学性质稳定，使其成为一种潜在的氧还原催化剂。碳材料成本低、合成简单、易于修饰，且对氧还原反应有高活性和高选择性，并对甲醇呈惰性，近几年来成为研究的热点。本实验以无定型碳材料为基底，负载氮化钛，构筑碳基非贵金属催化剂。

三、实验仪器与药品

1. 仪器

电解池、玻碳电极、铂对电极、银/氯化银电极、水热反应釜、管式炉、超声波清洗仪、干燥箱、辰华电化学工作站、扫描电子显微镜、X射线衍射仪、拉曼光谱仪。

2. 药品

商业化碳载铂（分析纯）、硫酸氧钛（分析纯）、甘油（分析纯）、乙醇（分析纯）、乙醚（分析纯）、三氧化二铝粉末、三聚氰胺（分析纯）、氢氧化钾（分析纯）、氯化钾（分析纯）、5%的Nafion乙醇溶液（分析纯）、氨气（>99.9%）、氮气（>99.9%）、氧气（>99.9%）。

四、实验步骤

1. 二氧化钛纳米管的制备

将1 g硫酸氧钛分散到8 mL甘油、14 mL乙醇和8 mL乙醚的混合溶液中，搅拌1

h，将得到的悬浮液转移到水热反应釜中加热至 130 ℃并保持 12 h。反应结束后冷却到室温，用乙醇清洗，在 60 ℃下干燥，然后在空气中 600 ℃下焙烧 3 h，得到二氧化钛纳米管。

2. 氮化钛纳米管/无定型碳复合材料的制备

将 5 g 二氧化钛纳米管和 5 g 三聚氰胺研磨 20 min，放入管式炉中，在氨气气氛下 900 ℃焙烧 3 h。具体过程为：以 5 ℃/min 的速率从室温加热至 300 ℃，再以 2 ℃/min 的速率从 300 ℃加热至 700 ℃，然后以 1 ℃/min 的速率从 700 ℃加热至 900 ℃。在该焙烧过程中，二氧化钛转化为氮化钛，同时三聚氰胺转化成无定型碳。

3. 氮化钛纳米管/无定型碳复合材料的表征

使用扫描电子显微镜（Nova NanoSEM 450，FEI）对材料的微观形貌进行测定，并用能谱仪对材料元素进行半定量分析；

使用 X 射线衍射仪（D8 Advance，Bruker）对材料的氮化钛晶型进行测定；

使用拉曼光谱仪（Vertex 80/Raman Ⅱ，Bruker）对无定型碳材料的杂化进行测定。

4. 工作电极的制备

测试之前将玻碳电极（直径 3 mm）进行抛光处理：先用 50 nm Al_2O_3 粉末打磨，然后分别用乙醇、去离子水进行超声清洗，最后用氮气吹干。

工作电极制备如下：将合成的氮化钛纳米管/无定型碳复合材料 2 mg 加入 1.8 mL 超纯水中，再加入 0.2 mL 5%的 Nafion 乙醇溶液，超声分散 1～2 h。待完全分散后，取 20 μL 分散液滴在干燥的玻碳电极表面，自然干燥，待测。

商业化碳载铂催化剂也同样滴在工作电极表面，对比。

5. 氧还原性能测试

首先用 N_2 吹扫 0.1 mol/L KOH 溶液 30 min，然后以上述制备的工作电极、Ag/AgCl 参比电极、铂对电极，以 50 mV/s 扫速在 0 V 到－0.7 V 之间进行伏安循环测试。

然后用 O_2 吹扫 0.1 mol/L KOH 溶液 30 min，以上述制备的工作电极、Ag/AgCl 参比电极、铂对电极，以 50 mV/s 扫速在 0 V 到－0.7 V 之间进行伏安循环测试。

对比 N_2 和 O_2 条件下氮化钛纳米管/无定型碳复合材料的循环伏安曲线；对比 O_2 条件下氮化钛纳米管/无定型碳复合材料和商业化碳载铂催化剂的循环伏安曲线。

6. 交流阻抗测试

以含有 5 mmol/L $Fe(CN)_6^{-3/-4}$ 的 0.5 mol/L KCl 溶液为电解液，以上述制备的工作电极、铂对电极，在 0.5 Hz 到 100 kHz 范围进行交流阻抗测试。典型的交流阻抗图如图 1 所示，由一个半圆和一条与 X 轴成 45°的直线构成，其中半圆为高频区，以电荷转移阻抗为主，直线区以扩散阻抗为主。经过拟合，由电解液主体电阻 R_s、界面双电层电容 C_{dl}、电荷转移电阻 R_{ct} 和扩散引起的 Warburg 阻抗组成。电荷转移电阻 R_{ct} 的大小可以判断材料的催化活性。

7. 抗甲醇测试

在 O_2 饱和的 0.1 mol/L KOH 溶液中，以上述制备的工作电极、Ag/AgCl 参比电极

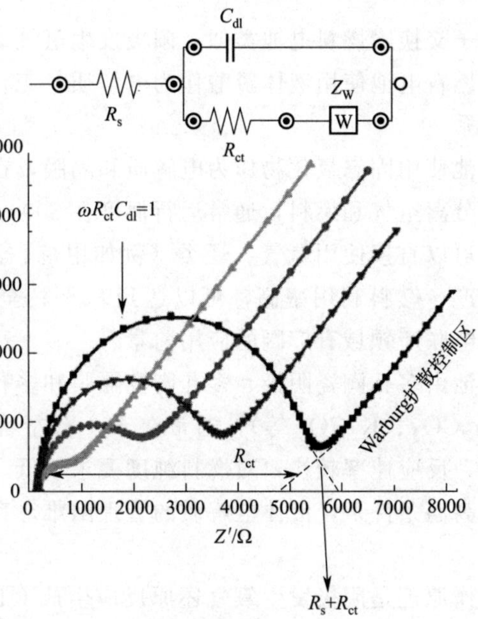

图 1　典型的 Nyquist 交流阻抗图

和铂对电极进行电流-时间曲线测试，电压为－0.4 V，在运行 300 s 时加入甲醇，控制甲醇浓度为 3 mol/L，观察电流的变化。比较制备的氮化钛/无定型碳复合材料和商业化碳载铂催化剂的抗甲醇能力。

五、问题讨论

1. 过渡金属氮化物与贵金属铂是等电子体，所以有类似的化学性质，过渡金属氮化物与贵金属铂相比有哪些优点？

2. Ag/AgCl 参比电极的标准电极电位与其使用的溶液浓度有关，本实验的 Ag/AgCl 电极使用的是饱和 KCl 溶液，其对应的标准电极电位是多少？

3. 实验中氮化钛纳米管的合成需要注意哪些参数？

4. 氮化钛纳米管可以通过哪些手段进行表征？

5. 除了过渡金属氮化物还有哪些材料有良好的氧还原性能，可能替代贵金属铂基催化剂？

六、知识链接

燃料电池是一种主要利用氧或者某种氧化剂进行氧化还原反应，把燃料中的化学能转换成电能的发电装置。燃料电池类型有所不同，但运作的原理基本相同，包含阳极、阴极以及允许离子透过的电解质。简单来讲，燃料电池可以分为以下 5 种类型：质子交换膜燃料电池、磷酸燃料电池、熔融碳酸盐燃料电池、碱性燃料电池、固体氧化物燃料电池。

质子交换膜燃料电池实质上是水电解的逆装置，由阳极、阴极和质子交换膜组成。阳极发生氢气氧化反应，阴极发生氧气还原反应，质子交换膜充当电解质。质子交换膜燃料电池发展时间较短，但是较低的运行温度以及灵活的设计结构使其在汽车动力领域有广泛的应用。

磷酸燃料电池与质子交换膜燃料电池类似，阳极发生氢气氧化反应，阴极发生氧气还原反应，不同的是磷酸燃料电池使用液体磷酸作为电解质，工作温度较高，通常在 150～200 ℃，常作为应急电源。

高温氧化物燃料电池使用固态氧化物作为电解质和隔膜，在高温下，O^{2-} 负责电荷的传输，同时氧化物可以分离空气和燃料，通常运行温度在 800～1000 ℃。高温氧化物燃料电池对燃料适用性好，可以直接使用氢气、烃类（例如甲烷、液化气）、甲醇等；能提供高质余热，实现热电联产，燃料利用率高，可以达到 80%；全固态组件，安全性能和循环性能好，在发电、热电联产领域有广阔的应用前景。

熔融碳酸盐燃料电池由多孔陶瓷阴极、多孔陶瓷隔膜和多孔金属阳极构成，电解质为熔融态碳酸盐（例如 Li_2CO_3、K_2CO_3 等），通常在 650 ℃左右。熔融碳酸盐燃料电池的优点在于工作温度较高，反应速率较快，对燃料纯度要求较低，不需要贵金属催化剂，成本较低；不足之处在于高温条件下，液体电解质的管理困难，存在腐蚀和渗漏现象，影响电池的寿命。

碱性燃料电池的工作原理是阴极发生氧气还原反应生成 OH^-，然后透过阴离子交换膜，电解质迁移到阳极与氢气反应生成水。该燃料电池运行温度在 100～250 ℃，催化剂为银或者镍，价格相对质子交换膜燃料电池便宜，有一定的商业前景。

七、参考文献

1. Wang X Q, Li Z J, Qu Y T, et al. Review of metal catalysts for oxygen reduction reaction: From nanoscale engineering to atomic design [J]. Chem., 2019, 5: 1486-1511.

2. Zhao Y G, Saseendran A D P, Huang C, et al. Oxygen evolution/reduction reaction catalysts: From in situ monitoring and reaction mechanisms to rational design [J]. Chemical Reviews, 2023, 123: 6257-6358.

3. Zeng R, Yang Y, Feng X R, et al. Nonprecious transition metal nitrides as efficient oxygen reduction electrocatalysts for alkaline fuel cells [J]. Science Advances, 2022, 8: eabj1584.

实验三十五

PdAuAg 催化剂的制备及对乙二醇的电催化氧化

一、实验目的

1. 了解直接醇燃料电池的工作原理。

2. 学习三元合金材料的制备原理和方法。

3. 学习用 X 射线衍射仪、扫描电子显微镜对金属合金材料进行表征的技术。

4. 学会使用循环伏安法、计时电流法、扫描阻抗法对合金材料的乙二醇电催化性能进行表征。

5. 了解不同扫描速率对乙二醇电催化氧化峰值电流的影响。

二、实验原理

近年来，随着经济和社会的快速发展，化石能源的消耗量持续提升，迫切需要探寻新的能源。燃料电池是一种能直接将化学能转化为电能的电化学装置。其中直接醇燃料电池被认为是最有前途的燃料电池之一，因为其可以作为便携式和消费类电子产品的能源而受到广泛关注。低分子量的醇，例如甲醇、乙醇、乙二醇和甘油在常温常压下是液体，易于储存、运输，是理想的燃料。但是目前最有效的催化剂还是铂基材料。铂的储量稀少、成本昂贵，限制了直接醇燃料电池的快速发展，且铂作为阳极催化剂易被小分子醇氧化的中间产物 CO 毒化，导致催化性能衰减。

由于这些原因，二元、三元铂基催化剂以及非铂基催化剂被广泛研究。其中钯和铂属于同一族元素，性质比较类似。钯在催化氧还原反应方面与铂接近，但是，钯在催化乙二醇时也会出现与铂类似的中毒现象。为了解决上述问题，可以将钯与其他过渡金属进行合金化。引入的金属需要提升钯的催化氧化，抑制催化剂的中毒现象。此外，在形成合金过程中将活性金属钯包覆在起辅助作用的金属外层，不仅可以利用不同金属之间的协同效应增加整体催化剂的催化性能，而且可以提高活性金属钯的利用率，进一步降低成本。

本实验在钯催化剂中引入 Au 和 Ag 以提升 Pd 的抗毒化能力，提升对乙二醇的催化能力。以氯钯酸钾、四氯金酸、三氟乙酸银为原料，六羰基钼为还原剂，一步还原成三元合金材料。

三、实验仪器与药品

1. 仪器

三口烧瓶、圆底烧瓶、磁力搅拌器、电热套、油浴锅、超声波清洗仪、干燥箱、X

射线衍射仪、扫描电子显微镜、离心机、吸量管、玻碳电极、饱和甘汞电极、铂对电极。

2. 药品

氯钯酸钾（分析纯）、四氯金酸（分析纯）、三氟乙酸银（分析纯）、氢氧化钾（分析纯）、Al_2O_3 粉末（分析纯）、氮气（≥99.9%）、乙醇（分析纯）、醋酸（分析纯）、乙二醇（分析纯）、*N*,*N*-二甲基甲酰胺（DMF）（分析纯）、六羰基钼（分析纯）。

四、实验步骤

1. PdAuAg 三元催化剂的制备

称取 10 mg 氯钯酸钾、9.8 mg 四氯金酸、1.1 mg 三氟乙酸银、30 mg 六羰基钼于三口烧瓶中。用移液器取 2 mL 醋酸和 8 mL DMF 加入三口烧瓶中，塞好空心塞，超声 10 min。将磁子放入三口烧瓶中，然后使用油浴进行加热，温度设置为 140 ℃，转速为 500 r/min，反应时间为 2 h。反应结束待冷却至室温，将三口烧瓶中的液体转移到离心管中，进行离心操作，将上层清液用吸量管移走，用乙醇和水分别进行离心洗涤 2 次，得到摩尔比为 1∶1∶1 的 PdAuAg 三元催化剂，60 ℃烘干。

2. PdAuAg 催化剂的结构表征

使用扫描电子显微镜（Nova NanoSEM 450，FEI）观察三元催化剂的微观形貌，并用能谱仪对材料元素进行半定量分析；

使用 X 射线衍射仪（D8 Advance，Bruker）对材料 PdAuAg 三元催化剂的晶格进行测定。

3. 工作电极的制备

测试之前将玻碳电极（直径 3 mm）进行抛光处理：先用 50 nm Al_2O_3 粉末打磨，然后分别用乙醇、去离子水进行超声清洗，最后用氮气吹干。

工作电极制备如下：将合成的 PdAuAg 三元催化剂 2 mg 加入 1.8 mL 超纯水中，再加入 0.2 mL 5%的 Nafion 乙醇溶液，超声分散 1～2 h。待完全分散后，取 20 μL 分散液滴在干燥的玻碳电极表面，自然干燥，待测。

4. PdAuAg 三元催化剂的乙二醇电催化性能测试

首先用 N_2 吹扫 1 mol/L KOH 溶液 30 min，然后以上述制备的工作电极、饱和甘汞 SCE 参比电极、铂对电极，以 50 mV/s 扫速在 0.3 V 到 −0.9 V 之间进行循环伏安测试。

然后在 1 mol/L KOH 溶液中加入乙二醇，控制乙二醇浓度为 1 mol/L，按照上述的测试条件再次进行循环伏安测试。

通过 1 mol/L KOH 溶液的循环伏安曲线，计算催化剂的电化学活性面积；对比未添加和添加乙二醇的 1 mol/L KOH 溶液的循环伏安曲线，判定乙二醇的氧化电位，计算催化剂的质量活性。

5. PdAuAg 三元催化剂的交流阻抗测试

以含有 1 mol/L KOH+1 mol/L 乙二醇溶液为电解液，使用上述制备的工作电极、铂对电极，在 0.5 Hz 到 100 kHz 范围进行交流阻抗测试。典型的交流阻抗图由一个半圆和一条与 X 轴成 45 °的直线构成，其中半圆为高频区，以电荷转移阻抗为主，直线区以扩散阻抗为主。经过拟合，可以分解为电解液主体电阻 R_s、界面双电层电容 C_{dl}、电荷转移电阻 R_{ct} 和扩散引起的 Warburg 阻抗。电荷转移电阻 R_{ct} 的大小可以判断材料催化活性。

6. PdAuAg 三元催化剂的循环性能测试

在 1 mol/L KOH+1 mol/L 乙二醇溶液中，以上述制备的工作电极、饱和甘汞电极和铂对电极进行计时电流测试，电位设置为−0.1 V（vs. SCE)。观察电流随着时间的变化，判断催化剂的电催化活性和稳定性。

7. PdAuAg 三元催化剂的催化过程控制步骤

在 1 mol/L KOH+1 mol/L 乙二醇溶液中，以上述制备的工作电极、饱和甘汞电极和铂对电极进行不同扫速的循环伏安测试，扫速分别设置为 50 mV/s、75 mV/s、100 mV/s、125 mV/s、150 mV/s，记录不同扫速下的峰值电流。用电流和扫速的平方根作图，并进行线性拟合。如果线性好，说明该催化氧化过程是扩散控制过程。

五、问题讨论

1. 贵金属催化剂除了可以使用本实验中涉及的六羰基合钼进行还原，还可以使用哪些还原剂？
2. 直接醇燃料电池相比于其他燃料电池有什么优点？限制因素是什么？
3. 电极的电化学活性面积如何计算？测量时要注意什么？
4. 本实验使用的饱和甘汞电极，其标准电极电位是多少？

六、知识链接

直接醇类燃料电池是质子交换膜燃料电池的一种，具有许多优点，以直接甲醇燃料电池为例，其燃料资源丰富，成本低，存储、携带方便，与氢/氧质子交换膜燃料电池相比，直接甲醇燃料电池不存在氢气储存、运输过程中涉及的安全问题；工作时燃料直接进料，无须重整处理；结构简单，响应快，操作方便。与常规的二次电池相比，直接甲醇燃料电池能量密度高，约为 6000 W·h/kg，而锂离子电池约为 300 W·h/kg，直接甲醇燃料电池的能量密度是锂离子电池的 20 倍。目前直接甲醇燃料电池技术已经逐步成熟，步入商业化阶段，主流生产直接甲醇燃料电池的公司有德国的 SFC Energy，加拿大的 Ballard Power Systems，英国的 Octopus Energy，美国的 DMFC Corpotation、Oorja Protonics、MeOH Power，新加坡的 Horizon Fuel Cell Technologies，中国台湾的 Antig 技术有限公司、绊脚石科技股份有限公司，日本的 Pannasonic 公司、东芝能源系统与解决方案公司、三菱天然化学贸易公司等。

七、参考文献

1. Pan B W, Chen F Y, Kou B, et al. Unexpectedly high stability and surface reconstruction of

PdAuAg nanoparticles for formate oxidation electrocatalysis [J]. Nanoscale，2020，12：11659-11671.

2. 杨宏宇. 钯基纳米催化剂的制备及其氧还原性能研究 [M]. 广州：华南理工大学，2019.

3. Rajkumar J，Udumula S，Sebastian C P. Ultrafast synthesis of flower-like ordered Pd_3Pb nanocrystals with superior electrocatalytic activities towards oxidation of formic acid and ethanol [J]. Journal of Power Sources，2016，301：160-169.

4. 侯明，衣宝廉. 燃料电池的关键技术 [J]. 科技导报，2016，34：52-61.

实验三十六

磷酸铁锂正极材料的合成与表征及电化学性能检测

一、实验目的

1. 了解基于磷酸铁锂正极材料的充放电机理及优势。

2. 学会磷酸铁锂正极材料的制备，并用 X 射线衍射仪、扫描电子显微镜对磷酸铁锂正极进行表征。

3. 学会扣式电池的组装工艺和技术。

4. 学会用电化学工作站、充放电测试仪对电池性能进行测试。

二、实验原理

锂离子电池因其高能量密度、长循环寿命和低自放电率，在便携式电子设备、电动汽车和可再生能源存储等领域得到了广泛应用。它们是现代电池技术的核心，推动了清洁能源的转型和可持续发展。作为影响电池能量密度和容量的重要因素之一的正极，现在主要有两大类：磷酸铁锂和三元材料。其中，磷酸铁锂成本较低，安全性较好，但是容量相对较低；三元材料能量密度和倍率性能较优，但是成本和安全性相对较低，两者各有千秋。

磷酸铁锂最早由 John B. Goodenough 教授及其团队合成，结构如图 1 所示。$LiFePO_4$ 属于橄榄石型聚阴离子电池正极材料，隶属正交晶系（也称斜方晶系）*Pnma* 空间群组，氧按照六方最密堆积形成骨架，Li^+、Fe^{2+} 位于八面体顶点，P 位于四面体顶点，充放电过程中，Li^+ 沿着 *b* 轴一维传输。

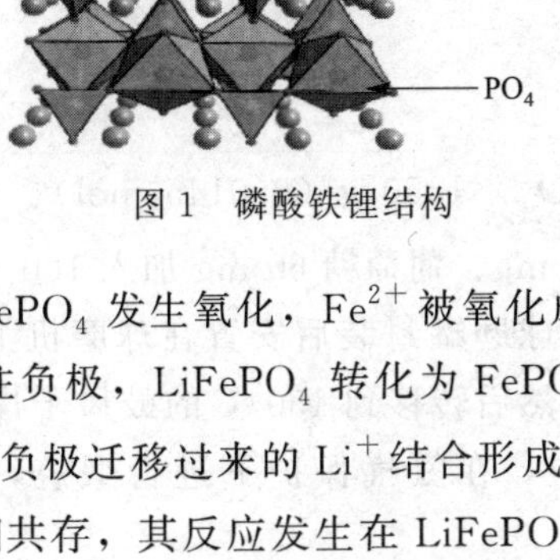

图 1　磷酸铁锂结构

在电池充电过程中，$LiFePO_4$ 发生氧化，Fe^{2+} 被氧化成 Fe^{3+}，锂离子发生脱嵌，并在外电路电子的作用下，迁往负极，$LiFePO_4$ 转化为 $FePO_4$；放电过程中，$FePO_4$ 被还原，Fe^{3+} 被还原成 Fe^{2+}，与负极迁移过来的 Li^+ 结合形成 $LiFePO_4$。实际上，在充放电过程中 $LiFePO_4/FePO_4$ 两相共存，其反应发生在 $LiFePO_4/FePO_4$ 两固相之间。充放电反应方程式如下所示：

充电反应：$LiFePO_4 - xe^- \longrightarrow Li_{1-x}FePO_4 + xLi^+$

放电反应：$FePO_4 + xLi^+ + xe^- \longrightarrow xLiFePO_4 + (1-x)FePO_4$

磷酸铁锂常见的制备方法有高温固相法、共沉淀法、溶胶-凝胶法、水热合成法、碳热还原法和微波合成法。其中，高温固相法是现阶段最常用也最成熟的合成锂离子正极材料的方法，其优点是操作及工艺路线成熟、易于控制，制备的材料性能稳定，适合工业化生产。但也存在缺点，即产物的形状不规则，颗粒粒度分布不均且高温易导致晶粒偏大。

固相法合成方法：将锂源、铁源、磷源及碳源按照化学计量比均匀混合后，添加适量的有机溶剂进行第一次研磨，将充分研磨的样品在惰性气氛下干燥后，经过预处理，然后脱水、脱气后再次研磨，最后在惰性气氛下进行煅烧。由于 $LiFePO_4$ 本身电子导电性较差，所以商业化使用的 $LiFePO_4$ 表面通常包覆碳材料以提升正极的性能。

本实验以磷酸二氢锂（LiH_2PO_4）作为锂源和磷源，草酸亚铁（FeC_2O_4）作为铁源，葡萄糖作为还原剂，表面活性剂作为分散剂，通过球磨，然后高温煅烧得到 $LiFePO_4$ 材料。再选取表面活性剂作为碳源，对合成的 $LiFePO_4$ 进行表面包覆，得到 $LiFePO_4$/C 正极材料。将合成的 $LiFePO_4$/C 正极材料制作成正极片，与锂片组装成扣式电池并进行循环伏安测试、充放电测试、倍率性能测试、循环性能测试等电化学性能表征。

三、实验仪器与药品

1. 仪器

烧杯、行星式球磨机（含球磨罐）、真空干燥箱、鼓风干燥箱、管式炉、涂布器、扫描电子显微镜、X 射线衍射仪、磁力搅拌器、切片机、扣式电池封装机、手套箱、辰华电化学工作站、充放电测试仪。

2. 药品

磷酸二氢锂（分析纯）、草酸亚铁（分析纯）、葡萄糖（分析纯）、表面活性剂（十六烷基三甲基溴化铵，CTAB，分析纯）、铝箔（电池级）、锂片（电池级）、电解液（1 mol/L $LiPF_6$ EC & DMC）（电池级）、高纯氮气（分析纯）、聚偏氟乙烯（PVDF）（分析纯）、*N*-甲基吡咯烷酮（NMP）（分析纯）、乙炔黑（分析纯）、氧化锆珠（工业级）、乙醇（分析纯）。

四、实验步骤

1. $LiFePO_4$ 的制备

称取磷酸二氢锂（LiH_2PO_4）1.50 g（0.0145 mol）、草酸亚铁（FeC_2O_4）2.08 g（0.0145 mol）、表面活性剂 60 mg、葡萄糖 60 mg 加入 100 mL 的球磨罐中，加入氧化锆珠，加入 20 mL 去离子水。将球磨罐封装后安置在球磨机上，以 400 r/min 的转速球磨 2 h。将得到的浆料进行过筛，然后转移到 150 ℃的鼓风干燥箱中进行干燥。将得到的样品充分研磨，转移到管式炉中，在氮气保护下进行煅烧，具体为以 5 ℃/min 加热至 750 ℃，并保持恒温 4 h。

2. 碳包覆正极材料（$LiFePO_4/C$）的制备

称取制备的 $LiFePO_4$ 2 g、表面活性剂 0.1 g，加入 100 mL 的球磨罐中，加入氧化锆珠，加入 20 mL 去离子水。球磨罐封装好后置于球磨机上，以 400 r/min 的速度球磨 4 h。将球磨后的样品经过过筛处理，转移到 100 ℃鼓风干燥箱中干燥。将得到的样品研细，在氮气保护下进行二次煅烧。具体参数为：以 5 ℃/min 加热至 700 ℃，并在该温度下保持 8 h，即得到 $LiFePO_4/C$ 材料。

3. $LiFePO_4/C$ 材料的表征

使用扫描电子显微镜（Nova NanoSEM 450，FEI）对材料的微观形貌进行测定，并用能谱仪对材料元素进行半定量分析；

使用 X 射线衍射仪（D8 Advance，Bruker）对 $LiFePO_4$ 晶型进行测定。

4. 正极片的制备

称量黏结剂 PVDF 20 mg 置于 10 mL 的小烧杯中，加入磁子，用滴管加入 1.5～2 mL NMP，搅拌溶解（注：该溶解过程较慢，可以适当加热加速溶解）。待 PVDF 完全溶解后，称量制备的 $LiFePO_4$ 160 mg、干燥后的乙炔黑 20 mg 加入上述小烧杯中，继续搅拌 2 h。可以根据黏度适当补加 NMP 至既可以形成均匀的浆料又可以有效地挂壁，溶剂总量不超过 2 mL。在搅拌期间可以适当进行超声，以辅助浆料的分散。

将铝箔固定在玻璃板表面，并用纸巾蘸取少量乙醇擦拭干净。待乙醇挥发干，将分散好的浆料使用涂布器刮涂在铝箔表面（厚度设定为 100～150 μm），标签纸固定铝箔之后，置于 60 ℃鼓风干燥箱中干燥 1 h，然后使用切片机切片（直径 14 mm）。将得到的正极片在 80 ℃真空干燥箱中干燥 24 h 后备用。

5. 电池的组装及电化学测试

以锂片为负极，按照正极壳、正极、隔膜、负极、垫片、弹片、负极壳的顺序组装电池，如图 2 所示。其中正极、隔膜以及负极之间需要滴加 1 mol/L $LiPF_6$ EC&DMC 电解液，总量控制在 60 μL。

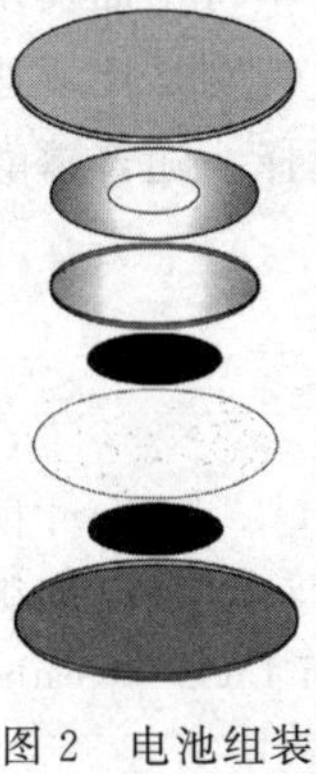

图 2 电池组装示意图

组装好的扣式电池需要静置 2 h 以上，使界面充分接触。

使用辰华电化学工作站 CHI760E 对扣式电池进行交流阻抗测试；

使用辰华电化学工作站 CHI760E 对扣式电池进行循环伏安测试，扫速 0.1 mV/s，电压区间 2.3～4.0 V；

在充放电测试仪上进行电池的首次充放电测试，电压区间 2.0～4.2 V；

在充放电测试仪上进行电池的倍率性能测试，电压区间 2.0～4.2 V，倍率分别设置为 0.1 C、0.2 C、0.5 C、1 C、2 C、5 C 和 10 C，每个倍率循环 5 次；

在充放电测试仪上进行长循环测试，电压范围 2.0～4.2 V，充放电倍率设置为 1 C。

将得到的循环伏安曲线、充放电曲线导出，用 Origin 作图，并作分析。

五、问题讨论

1. 高温煅烧前对原料进行球磨的作用是什么？
2. 高温固相法制备 $LiFePO_4$ 为什么需要惰性气体保护？除了氮气还可以使用哪些气体？除了煅烧时使用气体保护还需要考虑哪些因素保障 $LiFePO_4$ 的顺利合成？
3. 在制备 $LiFePO_4$ 时，使用葡萄糖的作用是什么？
4. 制备 $LiFePO_4$ 除了高温固相合成法，还有哪些方法可以制备？各有什么优缺点？
5. 商业化的 $LiFePO_4$ 正极材料为什么要进行碳包覆？
6. 对实验改进有哪些设想和建议？

六、知识链接

磷酸铁锂最早于 1996 年由 John B. Goodenough 教授及其团队首次合成，并发现其优异的热稳定性和化学稳定性，使其成为一种非常有前景的锂离子电池正极材料。初期，由于磷酸铁锂的导电性较低，难以实现大规模商业化应用。21 世纪初，随着纳米技术的发展，研究人员通过对磷酸铁锂材料进行表面包覆碳层和粒子纳米化处理，大幅提升了其导电性和倍率性能，推动了磷酸铁锂电池的产业化。2005 年前后，磷酸铁锂电池开始在电动工具、电动自行车等领域获得应用。2009 年，中国科技部等四部门联合推出“十城千辆节能与新能源汽车示范推广应用工程”，并对相关车型实施补贴政策，推动了电动汽车的快速发展。2020 年，国务院办公厅印发《新能源汽车产业发展规划（2021—2035 年）》，提出到 2035 年，我国公共领域用车将全面实现电动化。随着电动汽车的普及，磷酸铁锂电池因其更好的安全性受到青睐，特别是比亚迪推出基于磷酸铁锂的“刀片”电池后，磷酸铁锂电池成为电动汽车的主流选择。随着磷酸铁锂技术的不断进步，磷酸铁锂电池在储能领域得到广泛应用。

七、参考文献

1. 李加新．锂离子电池实验与实践教程［M］．北京：中国水利水电出版社，2022.
2. 王红强．应用化学综合实验［M］．北京：化学工业出版社，2019.
3. Zhang W J. Structure and performance of $LiFePO_4$ cathode materials: A review［J］. Journal of Power Sources，2011，196：2962-2970.
4. Chen S P，Lv D，Chen J，et al. Review on defects and modification methods of $LiFePO_4$ cathode material for lithium-ion batteries［J］. Energy & Fuels，2022，36：1232-1251.

实验三十七

锰酸锂正极材料的制备及电化学性能表征

一、实验目的

1. 了解基于锰酸锂正极材料的充放电机理及优势。

2. 学会锰酸锂正极材料的制备，并用 X 射线衍射仪、扫描电子显微镜对锰酸锂正极材料进行表征。

3. 学会扣式电池的组装工艺和技术。

4. 学会用电化学工作站、充放电测试仪对电池性能进行测试。

二、实验原理

锂离子电池由于其能量密度高、循环性能优异、自放电率低等优点在各种电子设备、电动汽车、可再生能源存储等领域有广泛的应用。

锰酸锂（$LiMn_2O_4$）是一种重要的锂离子电池正极材料，最早在 1980 年被发现和研究，它属于尖晶石结构，隶属立方晶系，空间群组为 $Fd3m$。氧采取立方密堆积形成面心立方晶胞骨架，Li^+ 占据 1/8 的氧四面体 $8a$ 位置，Mn 占据 1/2 的氧八面体 $16d$ 位置，其中 Mn 存在两种价态，Mn^{3+} 和 Mn^{4+}，各占 50%，如图 1 所示。

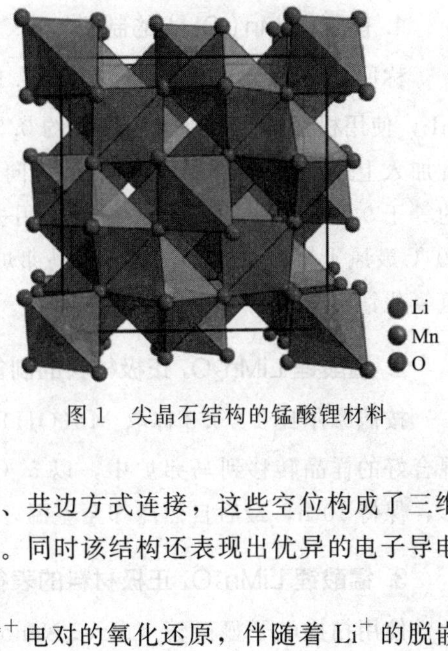

图 1　尖晶石结构的锰酸锂材料

尖晶石结构中空的氧四面体和氧八面体以共面、共边方式连接，这些空位构成了三维的锂离子扩散通道，所以被认为有优异的循环性能。同时该结构还表现出优异的电子导电性和离子导电性。

锰酸锂正极在充放电过程中主要是 Mn^{3+}/Mn^{4+} 电对的氧化还原，伴随着 Li^+ 的脱嵌与嵌入，反应方程式如下：

$$LiMn_2O_4 \underset{充电}{\overset{放电}{\rightleftharpoons}} Li_{1-x}Mn_2O_4 + xLi^+ + xe^-$$

锰酸锂正极的制备方法多样，主要有固相合成法、溶胶-凝胶法、共沉淀法、水热法等。固相合成法工艺简单，易于实现大规模工业化生产，但是该方法能耗大、设备投资大、材料粒径分布较宽。溶胶-凝胶法、共沉淀法、水热法等液相合成法合成的温度相对较低，能实现分子级别的混合，合成产品的纯度高、粒径可控，具有良好的电化学性能，缺点是只适合小批量生产，且对工艺要求高。

本实验以氢氧化锂为锂源，采用溶胶-凝胶法制备氢氧化锰前驱体，然后与锂源充分混合，利用高温煅烧制备尖晶石结构的锰酸锂。

三、实验仪器与药品

1. 仪器

烧杯、机械搅拌器、电子天平、鼓风干燥箱、真空干燥箱、研钵、马弗炉、涂布器、切片机、手套箱、电池封装机、辰华电化学工作站、充放电测试仪、扫描电子显微镜、X射线衍射仪。

2. 药品

乙酸锰［$Mn(Ac)_2$］（分析纯）、氢氧化锂（LiOH）（分析纯）、碳酸锂（Li_2CO_3）（分析纯）、氨水（$NH_3 \cdot H_2O$）（30%，分析纯）、铝箔（电池级）、金属锂片（电池级）、聚丙烯隔膜（电池级）、*N*-甲基吡咯烷酮（NMP）（分析纯）、聚偏氟乙烯（PVDF）（分析纯）、乙炔黑（电池级）、电解液 1 mol/L $LiPF_6$ EC & DMC（电池级）。

四、实验步骤

1. 前驱体 $Mn(OH)_2$的制备

称取乙酸锰 $Mn(Ac)_2$ 19.12 g（0.11 mol）加入 250 mL 的烧杯中，加入去离子水 100 mL，使用机械搅拌器促进溶解，约 0.5 h。称取氢氧化锂 LiOH 1.35 g（0.055 mol），分批加入上述溶液中。持续搅拌 2 h 后向溶液中滴加氨水 $NH_3 \cdot H_2O$ 调节 pH 值，至 pH 值约等于 9。继续搅拌 0.5 h，抽滤，用去离子水洗涤沉淀 2～3 次。将得到的沉淀转移至 80 ℃鼓风干燥箱中烘干，然后在马弗炉中以 5 ℃/min 加热至 400 ℃，预处理 2 h，得到氢氧化锰前驱体。

2. 锰酸锂 $LiMn_2O_4$ 正极材料的制备

按照摩尔比 1∶0.3 称取 $Mn(OH)_2$ 和 Li_2CO_3，用研钵研磨均匀，约需 30 min。将混合好的样品转移到马弗炉中，以 5 ℃/min 加热至 600 ℃，保持 4 h，然后升温至 850 ℃，保持 10 h，最后自然冷却至室温，得到 $LiMn_2O_4$ 正极材料。

3. 锰酸锂 $LiMn_2O_4$ 正极材料的表征

使用扫描电子显微镜（Nova NanoSEM 450，FEI）对材料的微观形貌进行测定，并用能谱仪对材料元素进行半定量分析；

使用 X 射线衍射仪（D8 Advance，Bruker）对 $LiMn_2O_4$ 晶型进行测定。

4. 正极片的制备

称量黏结剂 PVDF 20 mg 置于 10 mL 的小烧杯中，加入磁子，用滴管加入 1.5～2 mL NMP，搅拌溶解（注：该溶解过程较慢，可以适当加热加速溶解）。待 PVDF 完全溶解后，称量制备的 $LiMn_2O_4$ 160 mg、干燥后的乙炔黑 20 mg 加入上述小烧杯中，继续搅拌 2 h。可以根据黏度适当补加 NMP 至既可以形成均匀的浆料又可以有效地挂壁，溶剂总量不超过 2 mL。在搅拌期间可以适当进行超声，以辅助浆料的分散。

将铝箔固定在玻璃板表面，并用纸巾蘸取少量乙醇擦拭干净。待乙醇挥发干，将分散好的浆料使用涂布器刮涂在铝箔表面（厚度设定 100～150 mm），标签纸固定铝箔之后，置于 60 ℃鼓风干燥箱中干燥 1 h，然后使用切片机切片（直径 14 mm）。将得到的正极片在 80 ℃真空干燥箱中干燥 24 h 后备用。

5. 电池的组装及电化学测试

以锂片为负极，按照正极壳、正极、隔膜、负极、垫片、弹片、负极壳的顺序组装电池，如图 2 所示。其中正极、隔膜以及负极之间需要滴加 1 mol/L $LiPF_6$ EC&DMC 电解液，总量控制在 60 μL。

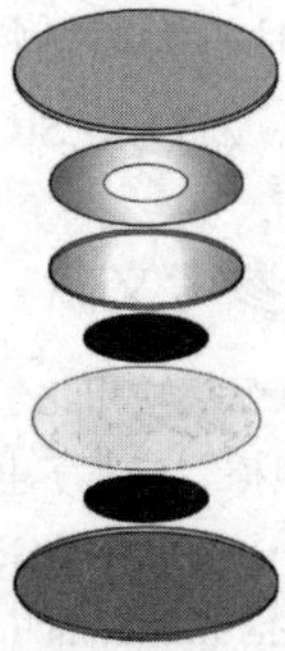

图 2　电池组装示意图

组装好的扣式电池需要静置 2 h 以上，使界面充分接触。

使用辰华电化学工作站 CHI760E 对扣式电池进行交流阻抗测试；

使用辰华电化学工作站 CHI760E 对扣式电池进行循环伏安测试，扫速为 0.1 mV/s，电压区间 3.0～4.3 V；

在充放电测试仪上进行电池的首次充放电测试，电压区间 3.0～4.3 V；

在充放电测试仪上进行电池的倍率性能测试，电压区间 3.0～4.3 V，倍率分别设置为 0.1 C、0.2 C、0.5 C、1 C、2 C、5 C 和 0.1 C，每个倍率循环 10 次；

在充放电测试仪上进行长循环测试，电压范围 3.0～4.3 V，充放电倍率设置为 1 C。

将得到的交流阻抗曲线、循环伏安曲线、充放电曲线导出，用 Origin 作图，并作分析。

五、问题讨论

1. $LiMn_2O_4$ 正极材料的优缺点分别是什么？
2. $LiMn_2O_4$ 在合成过程中的关键步骤有哪些？
3. 交流阻抗测试能说明什么问题？
4. 电池的组装过程需要注意哪些问题？
5. 如何通过电池的倍率性能和循环性能判断电池性能的优劣？
6. 对实验改进有哪些设想和建议？

六、知识链接

锰酸锂正极理论放电容量为 148 mA·h/g，原料来源丰富、环境友好，且有良好的倍率性能，被认为是潜在的锂离子正极材料。但是由于锰酸锂正极在充放电过程中放电容量快速衰减，所以限制了应用。锰酸锂放电容量衰减的原因主要有三条：①酸性条件下，Mn^{3+} 容易发生歧化反应，生成 Mn^{4+} 和 Mn^{2+}，尤其是升高温度时歧化反应会加速。高价的锰（Mn^{3+} 和 Mn^{4+}）不会溶解在电解液中，但是低价的锰（Mn^{2+}）则会溶解在电解液中导致锰的流失。②Mn^{3+} 的 3d 轨道有 4 个电子，高自旋状态下采取 $t_{2g}^3e_g^1$，其中 e_g 两个简并轨道只有 1 个电子，根据 Jahn-Teller 效应，立方晶系会发生形变逐渐转变为四方晶系，导致晶胞体系增加，电极的结构被破坏，放电容量降低。③Mn^{4+} 有一定的氧化性，容易与有机溶剂发生反应，从而导致活性物质的减少，导致放电容量下降。

为了抑制锰酸锂放电容量的衰减，可以采取离子掺杂和表面包覆等策略。离子掺杂主要是通过引入低价阳离子，例如 Li^+、Cr^{3+}、Co^{2+}、Cu^{2+} 等，提高锰的氧化态，减少因为 Mn^{2+} 导致的锰的流失和晶系的转变，正极材料的稳定性显著增加，但是锰价态的升高也使材料的放电容量显著减小。所以阳离子掺杂的同时往往需要引入阴离子以保证提升稳定性的同时不大幅牺牲放电容量。表面包覆就是在尖晶石表面包覆相对惰性的氧化物，例如 Al_2O_3、ZrO_2、SiO_2 等，以减少正极与电解液的接触，从而有效抑制锰的流失。

七、参考文献

1. 王红强．应用化学综合实验［M］．北京：化学工业出版社，2019.

2. 徐国栋．锂离子电池材料解析［M］．2 版．北京：机械工业出版社，2024.

3. Marincaş A H, Goga F, Dorneanu S A, et al. Review on synthesis methods to obtain $LiMn_2O_4$-based cathode materials for Li-ion batteries［J］. Journal of Solid State Electrochemistry, 2020, 24: 473-497.

4. Radzi Z I, Arifin K H, M Kufian Z, et al. Review of spinel $LiMn_2O_4$ cathode materials under high cut-off voltage in lithium-ion batteries: Challenges and strategies［J］. Journal of Electroanalytical Chemistry, 2022, 920: 116623.

实验三十八

Au、Ag 和 Pt 纳米粒子对亚硝酸盐电催化氧化的研究

一、实验目的

1. 了解电化学检测亚硝酸盐的工作原理。
2. 学习用电沉积法制备金属纳米粒子电极。
3. 学习用扫描电子显微镜、能谱仪等对金属材料进行表征。
4. 学会使用电化学法研究不同金属粒子对亚硝酸盐的催化氧化效果。
5. 学习用计时电流法定量检测水体中亚硝酸盐浓度。

二、实验原理

亚硝酸盐，其广泛存在于人类环境中，是自然界中最普遍的含氮化合物之一。其外观及滋味都与食盐相似，在工业、建筑业中广为使用，它可以使一些食品外表更美观、口味更好以及保存时间更长，所以它在食品加工过程中被用作发色剂、增香剂和防腐剂。但亚硝酸盐具有较强毒性，人体摄入 0.3 g 以上即可引起中毒。大量亚硝酸盐进入人体后，会与人体内的血红蛋白结合，使正常的血红蛋白形状改变，失去运输氧气的能力，从而造成人体缺氧。而且蛋白质代谢产物中的仲胺基与亚硝酸反应能够生成具有很强毒性和致癌性的亚硝胺。为避免亚硝酸盐被过量食用，食品加工业严格规定了亚硝酸盐的使用标准，但仍有不少亚硝酸盐因工业生产和食品处理排入自然水体中。自然水体中亚硝酸盐如果超量，将会对环境和人体造成非常大的危害。因此，对亚硝酸盐进行灵敏而快速的检测是保护自然环境和保障公众身体健康的重要工作。

传统检测亚硝酸盐的方法主要包括色谱法、化学荧光法、分光光度法和电化学检测法等。其中，电化学检测法因具有操作简单、仪器方便、分析速度快、灵敏度及稳定性高等优点，在检测领域有很大的优势。电化学检测法是在有氧化剂的条件下（如氧气），通过在电极表面施加一定电位，亚硝酸根会发生氧化反应，产生响应电流，通过测定响应电流大小与浓度之间的关系来确定浓度、灵敏度和检测限等，常采用的测试方法包括循环伏安法、计时电流法、示差脉冲伏安法等。电化学传感器在检测亚硝酸盐的过程中，在电极表面的 NO_2^- 转化为 NO_3^- 的催化氧化的反应式为：

$$2NO_2^- + 2H_2O - 4e^- \longrightarrow 2NO_3^- + 4H^+$$

然而，传统的裸电极检测 NO_2^- 仍存在灵敏度低、电流响应差和易受干扰等缺陷，因此，研究人员通过引入各类材料（如碳基纳米材料、金属纳米粒子材料、有机聚合物等）作为催化剂修饰电极，改变传感器表面形状，增加活性位点及比表面积，提高电导率和降低反应电位等，从而达到改善传感器性能的目的。

用金属纳米粒子修饰电极在电化学催化领域中是一种常用的方法，使用的金属大多为

贵金属，如 Au、Ag、Pt 和 Pd 等。这些金属纳米粒子修饰的电极有较好的导电性，可以提高电荷传递速率，并且能增大电极比表面积。同时，纳米级的金属颗粒在促进催化方面具有突出的优势。另外，贵金属颗粒具有较强的稳定性，不易被腐蚀，因此修饰的传感器稳定性高、重复性好。

本实验以比较不同的金属纳米粒子修饰电极检测亚硝酸根的效果为探究方向，通过电沉积法将不同的金属纳米粒子 Au、Ag、Pt 和 Pd 沉积在玻碳电极（glassy carbon electrode，GCE）表面，获得 Au/GCE、Ag/GCE、Pt/GCE 和 Pd/GCE 电极。然后通过扫描电镜，分析并比较每个电极的形貌表征。最后采用循环伏安法和计时电流法检测水体中亚硝酸根的浓度，比较不同电极对亚硝酸盐的检测效果，筛选出效果最佳的修饰电极和实验条件。

三、实验仪器与药品

1. 仪器

电化学工作站、磁力搅拌器、超声波清洗仪、玻碳电极、pH 计、铂对电极、银-氯化银参比电极（Ag-AgCl）、抛光布、扫描电子显微镜。

2. 药品

氯铂酸（分析纯）、氯化钯（分析纯）、氯金酸（分析纯）、硝酸银（分析纯）、乙醇（分析纯）、盐酸（分析纯）、氧化铝抛光粉、亚硝酸钠、十二水合磷酸氢二钠（分析纯）、二水合磷酸二氢钠（分析纯）、去离子水、氮气。

四、实验步骤

1. 修饰电极的制备

先用 Al_2O_3 粉末将玻碳电极在抛光布上打磨至镜面光滑，然后在无水乙醇和去离子水中超声波分别洗涤 3 min。将该电极置于通氮气除氧后的 3 mmol/L 的 $HAuCl_4$ 沉积液中，作为工作电极接入电化学工作站。随后将铂对电极和 Ag-AgCl 电极分别作为对电极和参比电极接入电化学工作站，同时置于沉积液中。选用恒电位计时电流法，设初始电位为－0.2 V(vs. Ag-AgCl)，进行电化学还原，在此条件下沉积至电荷为 5×10^{-3} C，Au 纳米颗粒沉积到 GCE 电极上，并用去离子水冲洗电极，就得到了 Au/GCE 电极。制备 Ag/GCE、Pd/GCE、Pt/GCE 电极时，同样使用上述方法，选用溶液分别为 3 mmol/L $AgNO_3$、3 mmol/L $PdCl_2$＋0.1 mol/L HCl、3 mmol/L H_2PtCl_6＋0.1 mmol/L HCl 溶液。在同样条件下将金属纳米颗粒直接沉积到裸玻碳电极上，沉积电荷为 5×10^{-3} C。最终得到 4 种修饰电极：Au/GCE、Ag/GCE、Pd/GCE 和 Pt/GCE。

2. 修饰电极的结构表征

使用扫描电子显微镜观察四种修饰电极的微观形貌，重点观察金属颗粒的大小和分布状态。

3. 各修饰电极对亚硝酸盐的电催化性能测试

通过循环伏安法研究各金属纳米粒子修饰电极对亚硝酸盐的催化性能。配制浓度 0.1 mol/L pH=5.0 的磷酸缓冲溶液（PBS），加入 $NaNO_2$，使 NO_2^- 浓度为 1 mmol/L 。分别测试 Au/GCE、Ag/GCE、Pd/GCE 和 Pt/GCE 在 $NaNO_2$-PBS 溶液中的循环伏安响应，扫描电压为 0.3～1.0 V，扫速为 100 mV/s，记录循环伏安曲线并比较。对比未添加 $NaNO_2$ 的 0.1 mol/L PBS 溶液的循环伏安曲线，判定不同电极对亚硝酸根的催化氧化电位和电流，并比较各电极催化性能的优劣。

4. 各修饰电极对亚硝酸盐的催化过程控制步骤测试

在 1 mmol/L $NaNO_2$＋0.1 mol/L PBS（pH=5.0）溶液中，选用步骤 3 中测试效果较好的电极进行不同扫速的循环伏安测试，扫速分别设置为 25 mV/s、50 mV/s、75 mV/s、100 mV/s、125 mV/s、150 mV/s，记录不同扫速下的峰值电流，分别用扫速对电流、扫速的平方根对电流作图，并进行线性拟合。如果前者线性好，说明催化氧化过程是表面控制过程；如果后者线性好，说明该催化氧化过程是扩散控制过程。

5. 计时电流法测定亚硝酸盐的浓度

实验采用计时电流法，选用步骤 3 中测试效果较好的修饰电极作为工作电极，电位选择步骤 3 中循环伏安曲线氧化峰最高处附近的电位。先测量修饰电极对亚硝酸盐的检测范围下限，方法如下：在磁力搅拌器不断搅拌的情况下，向 0.1 mol/L PBS（pH = 5.0）溶液中每 25 s 添加 2 μmol/L $NaNO_2$ 溶液，当信噪比 $S/N=3$ 时，即可认为达到最低检测限。接着测试电极的检测范围，作出工作曲线，方法如下：向 0.1 mol/L PBS（pH = 5.0）溶液中每 25 s 添加 400 μmol/L $NaNO_2$ 溶液，观察亚硝酸盐浓度对电流的影响，直至电流无明显变化。实验结束后，以时间为横坐标，电流为纵坐标绘制测试曲线，标注每个曲线台阶处亚硝酸根的浓度，随后以亚硝酸根浓度为横坐标，电流为纵坐标，将浓度与电流一一对应作图，并拟合直线。所得的拟合直线即为工作曲线，直线方程为工作曲线方程。

五、问题讨论

1. 除了电沉积法，还有什么方法可以制备金属纳米颗粒修饰电极？
2. 还有哪些因素会影响电化学检测亚硝酸盐的含量？尝试设计探究实验方案。
3. 还有哪些常见物质可以用电化学方法来检测？原理是什么？

六、知识链接

化学修饰电极是一种通过在电极表面引入特定化学物质来改变其结构、性质和反应性的电极。它通常采用有机或无机材料进行修饰，并具有高选择性、高灵敏度和稳定性等特点。常见的化学修饰电极包括金属修饰电极、半导体修饰电极、生物分子修饰电极和纳米材料修饰电极等。也可以针对某些离子、分子或生物大分子，通过修饰某些特定材料，来制备具有特定响应的电极。为了评估化学修饰电极的性能，需要对其进行表征。常用的表征手段包括电化学测试、表面分析技术和光谱学等。

化学修饰电极在许多领域都有广泛的应用，包括环境检测、生物传感器、催化剂和电化学储能等方面。在环境检测中，化学修饰电极通常用于检测水中重金属离子、污染物和药物等。在生物传感器中，化学修饰电极可用于检测生物大分子（如 DNA、RNA 和蛋白质）和某些有电信号响应的小分子化合物。例如，通过将生物材料修饰到电极表面，可以实现对特定生物分子的选择性检测。在催化剂方面，化学修饰电极可用于提高催化剂的活性、选择性和稳定性。在电化学储能方面，化学修饰电极可用于制备超级电容器和锂离子电池等。

总之，化学修饰电极是一种利用特定化学方法对电极表面进行改性的技术，它具有广泛的应用前景，可用于环境检测、生物传感器、催化剂和电化学储能等方面。

七、参考文献

1. Li Z H，Mohamed M A，Mohan V A M，et al. Application of electrochemical aptasensors toward clinical diagnostics，food，and environmental monitoring：Review [J]. Sensors，2019，19：5435-5456.

2. 单筱寒. 新型电化学传感器检测水环境中的亚硝酸盐 [D]. 北京：中国地质大学，2021.

3. 周环，郑晓杰，邹盈，等. 纳米材料在电化学检测亚硝酸盐的应用研究进展 [J]. 浙江农业科学，2024，65：1468-1475.

实验三十九

生物质橙皮衍生碳材料的制备及其电容性能分析

一、实验目的

1. 初步了解生物质碳材料的来源与分类，理解生物质转化为碳材料的原理与活化过程。
2. 学会生物质碳材料的制备与表征方法，掌握多孔碳材料的指标和结构分析方法。
3. 掌握超级电容器的储能原理，学会电容性能分析方法。

二、实验原理

为了实现人与自然和谐相处的中国式现代化，实现“碳达峰”与“碳中和”的战略目标，寻找并研发新能源材料及储能装备刻不容缓。生物质碳材料就是一种新型的能源材料。

生物质是指大气、水、土地等通过光合作用而产生的各种有机体，一切有生命可支持生长的有机物质均可称为生物质。生物质材料来源十分广泛，诸如动物皮毛、排泄物；植物原料及其废物；城市可回收垃圾及易腐垃圾、木材原料及其加工所产生的废料、二次加工废料；天然草本植物及农副产品都属于生物质材料。生物质材料制备碳材料的过程是一个热化学过程。主要是在高温隔氧的条件下使生物质材料中的有机物分解。目前，工业上常用的制备碳材料的方法有活化法、气相沉积法、模板法和热解法等。

超级电容器是一种介于传统电容器与化学电池之间的一种新型电容器。又被称作电化学电容器、黄金电容器和法拉第电容器。超级电容器由两个电极、电解液及将两个电极隔开的隔膜组成（图1）。电极材料是超级电容器的精髓，常用的电极材料一般为多孔的纳米材料。多孔碳材料由于其比表面积高、化学稳定性强、孔结构可调，是应用最为广泛的活性电极材料。利用活性炭多孔电极和电解质组成双电层结构，通过极化电解质来储能。当对电极充电时，电解质溶液中的正、负离子分别向负、正电极移动，形成双电荷层；放电时，离子则向相反方向移动，释放储存的能量。

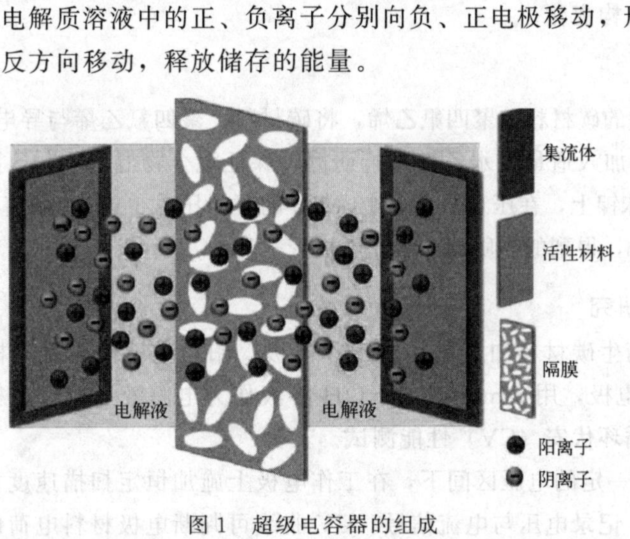

图1 超级电容器的组成

随着科技的进步，超级电容器作为一种新型材料，因其具有充放电速度快、功率密度大、循环寿命长、可逆性好等优点渗入到社会生活的各行各业，应用十分广泛，主要应用在交通运输、工业航空航天、日常生活等领域。

三、实验仪器与药品

1. 仪器

分析天平、电化学工作站、压片机、研钵、鼓风干燥箱、高温管式炉、饱和甘汞电极、铂对电极、扫描电子显微镜、X射线粉末衍射仪。

2. 材料与药品

橙皮、氢氧化钾（分析纯）、导电炭黑、盐酸（分析纯）、泡沫镍、无水乙醇（分析纯）、聚四氟乙烯。

四、实验步骤

1. 生物质橙皮衍生碳材料的制备

将新鲜橙子果皮分离后得到橙皮，用去离子水清洗干净，烘干后研磨成橙皮粉末，将质量比为3∶1的橙皮粉末与KOH溶液混合放入鼓风干燥箱中，在60 ℃下干燥24 h，之后将其放入高温管式炉中使其充分碳化，在氮气气流的保护下加热到700 ℃，保温2 h后使其自然冷却至室温，将冷却的物质用盐酸溶液酸浸24 h后，用乙醇溶液、去离子水洗涤呈中性后放入鼓风干燥箱，在60 ℃恒温干燥48 h得到黑色粉末即为生物质橙皮衍生碳材料。

2. 碳材料的表征

（1）扫描电子显微镜

测量时将少许样品粘在导电胶上，喷金，放置于样品台进行形貌观察，电压为5 kV。

（2）X射线粉末衍射仪

将多孔碳材料样品平铺在样品槽，压实，扫描范围为5°～80°，扫描速率为5°/min，观察材料晶型的结构变化。

3. 电极制备

称取一定质量的碳材料和聚四氟乙烯，将碳材料、聚四氟乙烯与导电炭黑按照8∶1∶1的比例放入研钵并加入适量无水乙醇进行研磨，保证混合物混合均匀，随后将浆料涂抹于1 cm×1 cm的泡沫镍上，在压片机上以10 MPa的压强压片1 min，并将电极片置于105 ℃的烘箱中干燥12 h，得到的物质即为工作电极。

4. 电容性能研究

生物质橙皮衍生碳材料加工制作成工作电极，铂片电极作为对电极，饱和甘汞电极（SCE）作为参比电极，用6 mol/L的KOH溶液作为电解液形成三电极系统。用电化学工作站对其进行循环伏安（CV）性能测试。

CV测试是在一定的电压区间下，在工作电极上施加恒定扫描速度，对测试体系施加三角波电压信号，记录电压与电流信号。CV曲线可判断电极材料电荷的存储类型、电容性能、充放电效率以及循环稳定性等关键指标。

五、问题讨论

1. 生物质碳材料有何优点?
2. 如何解析 CV 曲线?还有哪些方法可测试碳材料的电容性能?
3. 多孔材料的结构与电容性能之间有何关联?

六、知识链接

超级电容器根据工作原理可以分为双电层电容器和法拉第准电容器两大类。

双电层电容器又称 EDLC,主要通过纯静电电荷在电极表面进行吸附来产生存储能量。这种电容器通常使用高比表面积的活性炭材料作为电极,以增加电容量。它具有以下特点,充电时间短:双电层电容器可以在极短的时间内完成充电,如充电 10 s 至 10 min 可达到额定电容量的 95%以上;使用寿命长:深度充放电循环使用次数可达 10^6 次以上;温度特性好:可以在超低温条件下工作,温度范围宽,−40～+70 ℃;节约能源:能量转换效率高,过程损失小,大电流能量循环效率≥90%;绿色环保:产品原材料构成、生产、使用、储存以及拆解过程均没有污染,是一种理想的绿色环保电源;安全性高:充放电线路简单,无需充电电池之类的充电电路,长期使用免维护。常用的电极材料有活性炭、碳纤维、碳气凝胶、碳纳米管等。

法拉第准电容器:通过法拉第准电容活性电极材料(如过渡金属氧化物和高分子聚合物)表面及表面附近发生可逆的氧化还原反应产生法拉第准电容,从而实现对能量的存储与转换。它具有以下特点,高能量密度:由于法拉第准电容的储能过程包括双电层的存储和电解液中离子在电极活性物质中的氧化还原反应,其比电容是双电层电容的 10～100 倍;高功率密度:法拉第准电容器具有快速充放电能力,可以在短时间内提供大电流;长循环寿命:法拉第准电容器具有优异的循环稳定性,可以经受数十万次深度充放电循环而不失效;宽工作温度范围:法拉第准电容器可以在较宽的温度范围内正常工作,适应性强。法拉第准电容器的电极材料主要包括金属氧化物和导电聚合物。

此外,超级电容器根据电解质类型可以分为水性电解质超级电容器和有机电解质超级电容器两大类。水性电解质通常包括酸性、碱性、中性电解质,而有机电解质则一般选择以高氯酸锂为主的锂盐、四乙基四氟硼酸铵为主的季铵盐等。根据活性材料的类型是否相同可以分为对称超级电容器和非对称超级电容器。对称超级电容器的两个电极使用相同的活性材料,而非对称超级电容器则使用不同的活性材料。

七、参考文献

1. 王坤,杨涛,梁坤,等.碳达峰碳中和战略下天然气的能源优势与发展建议[J].能源与节能,2023,(3):27-31.

2. 周舒心,范怀林,胡勋.生物质基碳材料制备及其在超级电容器电极材料中的应用[J].综合智慧能源,2023,(5):1-12.

3. 黄晓斌,张熊,韦统振,等.超级电容器的发展及应用现状[J].电工电能新技术,2017,36(11):63-70.

实验四十

铝掺杂氧化锌纳米颗粒的制备及性能研究

一、实验目的

1. 学习无机纳米材料的设计、合成方法及技术。
2. 学会用比表面积及孔径分布测定仪、X 射线衍射仪、扫描电子显微镜对无机纳米颗粒进行表征的技术。
3. 学会用紫外-可见漫反射光谱仪测量半导体材料的禁带宽度。
4. 了解掺杂对于半导体材料禁带宽度的调节作用。

二、实验原理

光催化使用可再生的太阳能驱动化学反应，在改善环境质量、提高能源利用效率、促进自清洁与抗菌消毒等方面有重要意义。光催化的核心是半导体材料，根据能带理论，半导体材料在价带和导带之间有一个禁带 E_g，如图 1 所示。

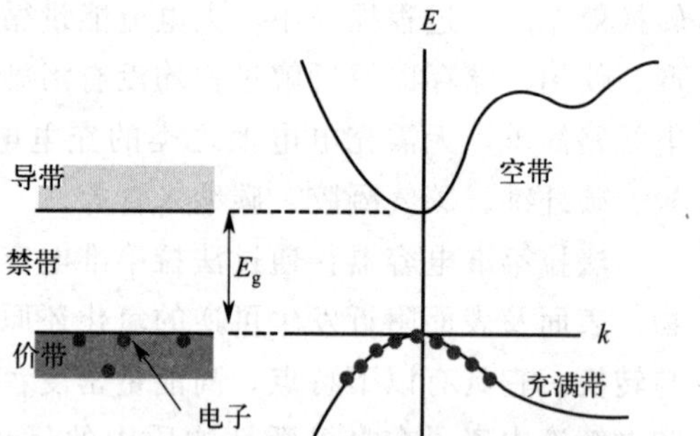

图 1　能带理论

如果照射的光子能量大于禁带宽度，则价带上的电子会受到激发，跃迁到导带上形成自由光生电子，同时在价带上留下空穴，所以禁带 E_g 的大小直接影响光生电子和空穴的产生能力。E_g 较小，能激发电子的可见光波长范围就相对较广，产生的光生电子和空穴的能力就更强。产生的光生电子有一定的还原能力，而空穴有一定的氧化能力，具体氧化还原能力由半导体的价带和导带的电位来决定，一般而言，禁带 E_g 越大，导带电位越负，光生电子还原能力越强，同时价带电位越正，空穴氧化能力越强。需要注意的是，不同材料价带和导带的位置存在显著差异。综合上述两条要求，良好的半导体材料禁带宽度要适中，既能保证足够的太阳光，吸收产生大量的光生电子和空穴，同时有较负的导带电位和较正的价带电位，提供良好的氧化还原能力。

常见的半导体材料有二氧化钛、氧化锌、氧化钒、氮化硅、氧化亚铜、硫化镉等，其中氧化锌在经济性和易制备性、光电性能、透光性、生物适应性、化学惰性与稳定性等方面有显著的优势，使其在光学领域、医疗设备领域、高温高压传感器领域有良好的应用前景。但是，氧化锌的应用也存在一定的限制，例如氧化锌易受到氧化和光照的影响，制备过程相对复杂，需要精准控制。更重要的是，单纯的氧化锌材料禁带 E_g 较大，产生载流子的能力较弱，限制了其进一步发展。

为了提升氧化锌材料的光催化性能，可以采用纳米化、掺杂改性、复合改性、表面包覆改性、多孔技术等方法。其中掺杂改性灵活、可控，可以有效调节材料的能带结构，改变其电子状态，从而提升光催化活性。同时，外来元素的引入还能显著改善材料的物理化学性能，提升其导电性、机械强度和热稳定性等。铝掺杂氧化锌不仅可以显著提高氧化锌的导电性能，而且不会影响氧化锌的光学透明度，使其在高透明导电膜领域有广泛应用前景，简称为 AZO(aluminum zinc oxide)。此外，铝的引入可以提升氧化锌对氧化剂的稳定性，延长材料的使用寿命。因此，AZO 在制造 LED、触摸屏、显示器、太阳能电池等光电子器件方面有良好的应用潜力和价值。

AZO 的制备以硝酸锌、硫酸铝和碳酸钠为原料，以十六烷基三甲基溴化铵（CTAB）为模板剂，先制备前驱体碱式碳酸锌，再通过 600 ℃焙烧得到 AZO 粉末。反应方程式如下：

$$5Zn(NO_3)_2+5Na_2CO_3+3H_2O\xrightarrow[CTAB]{Al_2(SO_4)_3}Zn_5(CO_3)_2\cdot(OH)_6+10NaNO_3+3CO_2$$

$$Zn_5(CO_3)_2\cdot(OH)_6\xrightarrow{600\ ℃}AZO$$

三、实验仪器与药品

1. 仪器

烧杯、超声波清洗仪、干燥箱、天平、抽滤装置、马弗炉、比表面积及孔径分布测定仪、X 射线粉末衍射仪、扫描电子显微镜、紫外-可见漫反射光谱仪、四探针电阻测试仪。

2. 药品

硝酸锌六水合物（分析纯）、硫酸铝十八水合物（分析纯）、无水碳酸钠（分析纯）、十六烷基三甲基溴化铵（CTAB）（分析纯）。

四、实验步骤

1. 不同铝掺杂量纳米 AZO 的制备

按照 $n(Al_2O_3):n(ZnO)=0.5:100$ 制备 0.5% AZO：

称取 $Zn(NO_3)_2\cdot6H_2O$ 150.0 g（0.5 mol）和 $Al_2(SO_4)_3\cdot18H_2O$ 1.65 g（0.0025 mol），加入 500 mL 水中，充分溶解得到溶液 A。称取 Na_2CO_3 50.0 g（0.47 mol）加入 500 mL 水中，充分溶解得到溶液 B。称取 CTAB 1.0 g（0.003 mol）加入 200 mL 水中，超声溶解得到溶液 C。

在持续超声下，向溶液 C 中滴加上述溶液 A、B，滴加过程中注意两种溶液的滴加速率，保持体系的 pH 值在 7 左右，滴加时间约为 30 min。

滴加结束之后，静置 10 min，促进反应完全，然后抽滤、洗涤、干燥，得到前驱体 $Zn_5(CO_3)_2\cdot(OH)_6$。将前驱体研磨之后置于马弗炉中，以 5 ℃/min 升至 600 ℃保持 2 h，自然冷却得到产物 0.5% AZO。

按照 $n(Al_2O_3):n(ZnO)=1:100$ 制备 1% AZO：合成步骤与 0.5% AZO 相同，除了使用 $Al_2(SO_4)_3\cdot18H_2O$ 3.30 g（0.005 mol）而不是 1.65 g（0.0025 mol）。

按照 $n(Al_2O_3):n(ZnO)=2:100$ 制备 2% AZO：合成步骤与 0.5% AZO 相同，除

了使用 $Al_2(SO_4)_3 \cdot 18H_2O$ 6.60 g (0.010 mol) 而不是 1.65 g (0.0025 mol)。

2. 不同铝掺杂量 AZO 的结构表征

使用扫描电子显微镜（Nova NanoSEM 450，FEI）对材料的微观形貌进行测定，并用能谱仪对材料元素进行半定量分析；

使用 X 射线粉末衍射仪（D8 Advance，Bruker）对纳米 TiO_2 晶型进行测定；

使用比表面积及孔径分布测定仪（TriStar Ⅱ 3020，Micromeritics）对纳米 TiO_2 的比表面积和孔径进行分析。

3. 不同铝掺杂量 AZO 的电子电导的测定

使用四探针电阻测试仪测量不同铝掺杂量 AZO 的电子电导，记录于表 1。

表 1 不同铝掺杂量 AZO 的电子电导

电子电导	0.5% AZO	1% AZO	2% AZO
σ/(S/cm)			

4. 不同铝掺杂量 AZO 的禁带宽度的测定

使用紫外-可见漫反射光谱仪测定对不同铝掺杂量 AZO 的禁带宽度，记录于表 2。

表 2 不同铝掺杂量 AZO 的禁带宽度

禁带宽度	0.5% AZO	1% AZO	2% AZO
E_g/eV			

五、问题讨论

1. AZO 作为光催化剂有哪些优点？有哪些应用场景？
2. 不同铝掺杂量对 AZO 的电子电导和禁带宽度有什么影响？
3. AZO 还存在什么问题？如何进一步改进？
4. 还有哪些方法可以制备 AZO？
5. 对实验改进有哪些设想和建议？

六、知识链接

AZO 在光电、电子、传感等领域有广泛的应用价值和潜力，包括作为液晶显示器的透明导电膜；智能手机、平板电脑等触摸屏的透明导电层，提高触摸屏的灵敏度和反应速度；太阳能电池的透明导电层和减反射层，让更多的阳光穿透并有效传导电流，提升太阳能电池的转化效率；气敏传感器，用于环境检测和气体检测；热反射镜，用于调节室内温度，提高能源效率；防腐处理，增加材料的耐腐蚀性。

七、参考文献

1. 孙学芹，刘洪来．综合化学实验［M］．北京：化学工业出版社，2009.

2. 傅维宁，江旭鹏，尹荣，等．铝掺杂氧化锌陶瓷的冷烧结制备及性能研究［J］．陶瓷学报，2023，44：296-304.

3. 王志勇，彭超群，王日初，等．氧化锌铝的典型性能与研究进展［J］．中国有色金属学报，2013，22：416-426.

第四章

环境友好化学

实验四十一

基于多糖类生物絮凝剂的高岭土絮凝沉淀实验

一、实验目的

1. 了解絮凝剂种类，掌握絮凝沉淀实验的方法。
2. 了解影响絮凝的因素，分析优化絮凝条件的基本方法。
3. 加深对絮凝沉淀的特点与沉淀机理的理解。

二、实验原理

水资源是重要的、不可替代的自然资源。因此，如何利用传统和先进技术以及相关化合物科学且有效地将废水转化为清洁水一直是废水处理领域的关键问题。在众多污泥处理技术当中，混凝/絮凝相对其他技术来说是一种较为成熟、低廉、环保的污泥脱水技术。

常见的絮凝剂可以分为三大类：①无机絮凝剂，聚铁盐和聚铝盐是目前最为常用的无机絮凝剂，如聚合氯化铝（PAC)、聚合硫酸铁（PFS）等。②有机絮凝剂，常见的有聚丙烯酰胺衍生物、聚乙烯亚胺等。③生物絮凝剂，常见的有壳聚糖、明胶、微生物胞外多糖聚合物等。通常来说，无机絮凝剂由于成本低廉，目前应用范围最为广泛，但对 pH 较为敏感。有机絮凝剂使用的 pH 范围更广泛。而生物絮凝剂对环境污染较小，但成本较高。生物絮凝剂一般是指微生物产生的具有絮凝效果的代谢产物，如多聚糖和蛋白质，或者其共同参与形成的其他高分子化合物。其中，多糖类生物絮凝剂因其产量高、可降解性好、结构多样、分子量大等优点，在环境友好型生物絮凝剂领域备受关注。与有机合成絮凝剂相比，生物絮凝剂在浊度、悬浮物和染料去除方面普遍具有较好的效果。生物絮凝剂逐渐广泛的应用已经成为衡量可持续环境技术和生活质量提高的重要指标。将两种或两种以上的絮凝剂通过改性或复配的方式得到的高分子絮凝剂称为复合型絮凝剂。与单独使用一种絮凝剂相比，无机絮凝剂和生物絮凝剂的混合使用得到了理想的效果，可增强吸附电荷的能力，絮凝效果更佳，适用范围更广。

近些年来，对于絮凝剂絮凝机理的研究有很大的进展。综合目前的研究结果来看，絮凝剂的絮凝机理受多方面因素的影响，如絮凝剂表面的电荷密度、絮凝剂分子量（M_W)、环境 pH、离子强度和温度等。絮凝剂主要有两种机制：①电荷中和；②桥接。通常来说，当絮凝剂表面与胶体颗粒所带电荷为异种电荷时，异种电荷将相互抵消。这样一来，胶体颗粒的表面电荷密度将大大降低，导致胶体颗粒不稳定，从而使静电的斥力减小，被引力克服，进而聚集成更大的颗粒。在同种电荷或电中性絮凝剂时，或者是当絮凝剂与胶体颗粒的距离超过电荷发生作用的距离时，桥接作用会占据主导地位。桥接作用可能是某些自由基与粒子之间的化学作用，如静电作用力、氢键或范德华力等。另外，分子量也会在很大程度上影响絮凝剂的桥接效果。一般来说，分子量越大，絮凝剂之间的桥接作用越强，絮凝效率也更高。当桥接是絮凝的主要机制时，絮凝剂所具有的官能团在絮凝活性方面起着重要作用。

三、实验仪器与药品

1. 仪器

分析天平、磁力搅拌器、离心机、数显恒温水浴锅、电热鼓风干燥箱、紫外-可见吸收光谱仪。

2. 药品

琥珀酰聚糖粗品、高岭土（>98%）、氯化铁（分析纯）、盐酸（分析纯）、氢氧化钠（分析纯）、正丁醇（分析纯）、氯仿（分析纯）、无水乙醇（分析纯）。

四、实验步骤

1. 琥珀酰聚糖纯品制备

配制1%的琥珀酰聚糖溶液，通过 Sevag 法去除蛋白。

将正丁醇与氯仿按照1∶4(体积比）混合，将混合液添加到多糖水溶液中，将混合物剧烈振动，多糖在水相和溶剂相之间的中间相，离心操作重复多次至中间层无变性蛋白。取水相加入3倍体积的预冷的无水乙醇，收集絮状沉淀，放入烘箱内烘干，即得到白色的琥珀酰聚糖纯品。

2. 絮凝活性检测

制备不同浓度的生物絮凝剂（琥珀酰聚糖），采用高岭土悬浮液进行絮凝活性测定。配制100 mL的高岭土悬浊液（质量浓度为0.4 g/L)，加入一定量的胞外多糖进行絮凝实验，终浓度为10 mg/L和20 mg/L，以不加絮凝剂的高岭土悬浊液为空白，调节不同的初始pH值，磁力搅拌（150 r/min搅拌2 min，静置5 min)，在550 nm处测定空白和絮凝体系的吸光度，计算浊度去除率。为了分析废水的pH参数，需要在加入絮凝剂之前向废水中加入稀释的HCl或NaOH水溶液。

浊度去除率计算公式为：浊度去除率$=(A_0-A_1)/A_0\times100\%$；其中$A_0$为空白高岭土悬浊液的吸光度，$A_1$为实验组高岭土悬浊液的吸光度。

3. 混凝/絮凝沉淀实验

对于高岭土悬浊液，配制100 mL的高岭土悬浊液（质量浓度为0.4 g/L)，加入一定量的胞外多糖（10 mg/L和20 mg/L）和一定量的$FeCl_3$(5 g/L）进行絮凝实验，以不加絮凝剂的高岭土悬浊液为空白。在酸性条件下，磁力搅拌（150 r/min 搅拌 2 min，静置 10 min），拍照记录现象，及时测量吸光度的变化。在 550 nm 处测定空白和絮凝体系的吸光度，计算浊度去除率。

五、问题讨论

1. 列举两种工业使用的絮凝剂，分析生物絮凝剂的优缺点。
2. 如何检测生物絮凝剂的纯度？
3. 絮凝活性还可以通过哪些手段表征？
4. 分析生物絮凝剂的絮凝机理。
5. 混凝/絮凝相比于单一絮凝有哪些优缺点？
6. 对实验改进有哪些设想和建议？

六、知识链接

多糖含有多种官能团，如氨基、羧基、羟基、巯基等，呈现出不同的电荷特性。研究表明，壳聚糖中的氨基在酸性条件下表现出阳离子特性，从而与水中的颗粒和微生物产生强烈的静电相互作用。羰基、羧基和羟基对凝血过程中的桥接机制有重要作用。此外，对多糖进行化学改性，在一定程度上增强了絮凝性能。与目前广泛使用的有机絮凝剂和无机絮凝剂相比，生物絮凝剂普遍具有更好的絮凝效果和稳定性，它们具有协同絮凝特性和可控性。总体而言，多糖生物絮凝剂已广泛应用于废水除浊、饮用水处理、脱色除染、污泥脱水等领域。

七、参考文献

1. 李海霞，田玥，解静静，等. 污水处理中常用絮凝剂综述［J］. 化工设计通讯，2023，49（9）：38-40.

2. 高星爱，杨超，闫海洋，等. 分离、筛选絮凝剂产生菌 Bacillus sp. CX15 及絮凝条件优化研究［J］. 东北师大学报（自然科学版），2023，55（2）：150-156.

3. Yang R，Li H，Huang M，et al. A review on chitosan-based flocculants and their applications in water treatment［J］. Water Research，2016，95：59-89.

实验四十二

超高交联吸附树脂的合成、表征及其对水溶液中苯甲酸的吸附

一、实验目的

1. 了解水中有机污染物的去除方法，学习超高交联吸附树脂的合成、表征及应用。

2. 学会用红外光谱、元素分析、比表面积及孔径分布仪对超高交联吸附树脂进行表征的技术。

3. 学会用高效液相色谱仪测定溶液中苯甲酸的含量。

4. 掌握树脂吸附苯甲酸的机理及吸附等温方程。

二、实验原理

近年来，随着世界各国工农业的迅速发展和人们生活水平的不断提高，许多有危害的有机化合物流入水环境中。去除水中的有机污染物，不但是人类健康所需，也是解决水资源的资源化问题。在美国安全饮水法中，吸附法被认为是最好的从水中吸附有毒、有害有机物质的可行性技术。作为一种固液分离方法，吸附法在处理有毒有机污染物时具有适用范围宽、去除效果明显、工艺简单、操作方便、能耗低等优点，所使用的吸附剂有活性炭、改性纤维素、黏土、硅胶、分子筛、树脂等。其中活性炭因其吸附性能好、种类较多、商品化程度高而受到广泛关注。但由于活性炭在使用过程中存在一些令人不满意的缺点，诸如对大分子物质吸附后，其孔道容易被堵塞，造成吸附量下降；吸附有机酸后，易与有机酸发生催化氧化反应，容易产生絮状物，堵塞活性炭表面孔道，影响其正常使用；且存在再生困难、机械强度差、使用寿命短、运行成本高等缺陷，从而影响了它在工业上的推广应用。

20 世纪 70 年代以后，随着功能高分子材料的迅速发展，吸附树脂在众多领域得到广泛应用。吸附树脂是人工合成的高分子吸附分离材料，其内部呈交联网状结构，具有较高的机械强度，外观为不溶、不熔的球状颗粒。由于它的结构可变性强，能根据要求通过选择各种适当的单体、致孔剂和交联剂，对孔结构进行调控；同时还可通过化学修饰改变表面的化学状态，因而种类更多，应用范围更广。从废水中选择性地分离、富集目标污染物主要利用树脂的孔径选择性机理、离子交换机理和分子间非共价键力作用机理，并可洗脱再生，操作方便，能耗低，从而实现废水中有机毒物的分离、富集和回收。

超高交联吸附树脂是一种非常独特的吸附树脂的材料，它具有很大的比表面积以及特殊的吸附特性，且树脂经超高交联后能够阻止溶剂脱附后网状结构的膨胀。据报道，通过修饰不同功能基的超高交联树脂都具有较好的吸附效果。这类树脂是把线性氯甲基化聚苯乙烯或低交联大孔聚苯乙烯树脂在溶液或高度溶胀下，通过后交联反应形成有立体限制的亚甲基桥而制得的。由于刚性较大的交联桥使聚苯乙烯链相互分离，阻止了孔塌缩，因此，无论在干态或湿态聚合物都具有较高的比表面积，小分子、中分子有机物容易进入聚

合物的内部，这样产生的超高交联聚苯乙烯树脂具有优良的吸附性能。

吸附等温线是在恒定温度下平衡吸附量与被吸附物质浓度的关系曲线。它反映了吸附剂的表面性质、孔结构以及吸附剂-吸附质之间的相互作用，理论研究中常用于描述吸附行为、分析吸附机理、对吸附过程预测模拟；应用研究中可用于表征计算吸附剂的物理结构、评价吸附效率、确定吸附量，作为筛选树脂的依据。

为了从理论上深入认识吸附过程，许多数学模型被用于描述各种类型的吸附等温线，即吸附等温方程。至今没有一种吸附等温模型是可以通用的，这主要是因为各种数学模型在建立时各自设定了不同的假设条件与简化条件，都存在不同程度的局限性。对于固/液体系，吸附等温方程能反映恒定温度下平衡吸附量与吸附质平衡浓度之间的关系，帮助分析吸附行为、吸附机理，预测吸附过程。实践表明，Langmuir 方程和 Freundlich 方程因参数较少、形式简单，对固/液体系吸附行为的拟合程度较高而得到广泛应用。

苯甲酸在超高交联吸附树脂上的吸附等温线可以用平衡模型 Langmuir 和 Freundlich 方程来拟合。

$$\text{Langmuir 方程：}\frac{c_e}{Q_e}=\frac{1}{q_m K_L}+\frac{c_e}{q_m}$$

$$\text{Freundlich 方程：}\lg Q_e=\lg K_f+\frac{1}{n}\lg c_e$$

式中，Q_e 为有机物在吸附剂上的平衡吸附量，mmol/g；c_e 为平衡时有机物在溶液中的浓度，mmol/L；K_f 为平衡吸附系数；q_m 为饱和吸附量，mmol/g；K_L 和 n 均为适用于相应方程的常数。

分别以 c_e-c_e/Q_e 或 $\lg c_e$-$\lg Q_e$ 作图，绘制成直线，根据直线的斜率和截距求算 Langmuir 或 Freundlich 方程的吸附参数。

三、实验仪器与药品

1. 仪器

三口烧瓶、四口烧瓶、天平、锥形瓶、圆底烧瓶、机械搅拌器、电热套、水浴锅、索氏提取器、干燥箱、恒温振荡器、比表面积及孔径分布测定仪、红外光谱仪、元素分析仪、高效液相色谱仪。

2. 药品

苯乙烯（工业品）、二乙烯苯（分析纯）、氯甲醚（工业品）、无水氯化锌（化学纯）、过氧化苯甲酰（分析纯）、盐酸（分析纯）、丙酮（分析纯）、明胶（照相级）、液蜡（分析纯）、硝基苯（分析纯）、苯甲酸（分析纯）。

四、实验步骤

1. 低交联大孔聚苯乙烯-二乙烯苯共聚物（白球）的制备

在 2000 mL 三口烧瓶中，加入 1200 mL 浓度为 1%的明胶水溶液及由苯乙烯 176 g、二乙烯苯 14 g、过氧化苯甲酰 2 g 和液蜡 100 g 混合组成的油相。调节搅拌桨高度至液面以下合适位置，以免位置过低导致油相结块；控制搅拌速度，使得油珠粒径大小适中，在

80 ℃反应 12 h。然后冷却 2 h，过滤聚合物，用热水洗涤聚合物。再用丙酮抽提 8 h，最后在 333 K 下真空干燥 2 h，即得白球。

2. 低交联大孔聚苯乙烯-二乙烯苯的氯甲基化（氯球）

在 2000 mL 三口烧瓶中，加入 200 g 白球，用 1200 mL 氯甲醚进行溶胀，然后分批加入 60 g 无水氯化锌，搅拌，在温度为 311 K 下反应 12 h。冷却后，过滤，用丙酮抽提 8 h，然后在 333 K 下真空干燥 2 h，得到氯甲基化大孔聚苯乙烯-二乙烯苯共聚物（氯球），氯含量为 19.5%。

3. 超高交联聚苯乙烯树脂的合成

称取干燥的氯球 30 g，置于盛有 150 mL 硝基苯的四口烧瓶中，溶胀过夜。加入 7 g 无水氯化锌，搅拌 0.5 h，再加入 2 g 无水氯化锌，搅拌至溶解。升高温度至 120 ℃，反应 24 h。反应过程中生成的氯化氢气体用碱液吸收。反应过程中前 4 h 每 1 h 取一次样，后面的 12 h 每 2 h 取样一次。取出的样品用丙酮抽提干净，测定氯含量和表面含氧官能团的含量。

4. 超高交联聚苯乙烯树脂的结构表征

聚合物吸附剂的比表面积及孔径分布根据 BET（Bruaaures S-Emmett H-Teller）方法，用氮气作吸附质，通过 Micromeritics ASAP 2010 比表面积及孔径分布测定仪（Micromeritics Instrument Corporation，North Gosford，NSW，Australia）测定；

聚合物的红外光谱使用溴化钾和树脂粉末压片法，以及采用 Nicolet 170 SX IR 光谱仪（Madison，WI，USA）测定；

聚合物树脂的元素分析通过 Perkin-Elmer 240 C 元素分析仪（Wellesley，MA，USA）测定。

5. 静态吸附试验

称取一定量的苯甲酸，以二次蒸馏水溶解后配制成需要浓度的储备液，其浓度通过带可变双波长紫外检测器的 HPLC（Waters Assoc.，Milford，MA，USA）测定，流动相甲醇：水（体积比）＝70：30，流量为 1 mL/min，固定相为 ODS 柱，检测波长为 275 nm。

苯甲酸在三种不同温度（283 K、303 K 和 323 K）下的静态平衡吸附的操作过程如下：0.100 g 树脂直接倒入 250 mL 带塞的锥形瓶中，分别加入 100 mL 浓度为 200 mg/L、400 mg/L、600 mg/L、800 mg/L 和 1000 mg/L 的苯甲酸水溶液，然后烧瓶置于预先设置温度和转速的恒温振荡器中振荡，待吸附达到平衡后，测定溶液中苯甲酸的浓度 c_e（mmol/L）。吸附平衡时，吸附剂固相中的吸附质的浓度 Q_e（mmol/g）通过下式计算：

$$Q_e = V(c_0 - c_e)/Mm$$

其中，V 是溶液的体积，L；m 是干燥树脂的质量，g；M 是苯甲酸的摩尔质量，g/mol。

6. 吸附等温线的绘制及线性拟合

以 c_e 为横坐标，Q_e 为纵坐标，绘制不同温度下苯甲酸在超高交联吸附树脂上的吸附等温线。用平衡模型 Langmuir 或 Freundlich 方程来拟合。求算 Langmuir 或 Freundlich

方程的吸附参数。

五、问题讨论

1. 列举两种以上常用吸附剂的性质和用途。

2. 吸附树脂与传统吸附剂相比，在处理水中有机污染物时有何优点?

3. 超高交联树脂的特点是什么? 与大孔吸附树脂相比有何优点?

4. 吸附树脂的结构可以通过哪些手段进行表征?

5. 在废水处理中，最常用的吸附等温模式有哪几种? 它们有什么实用意义?

6. 超高交联聚苯乙烯树脂的合成中，用丙酮抽提的目的是什么? 氯化锌在实验中的作用是什么?

7. 对实验改进有哪些设想和建议?

六、知识链接

苯甲酸是重要的有机化工原料，在医药、食品、化工方面应用十分广泛，可用作制药和染料的中间体，还可作为食品防腐剂，在世界各国均被广泛使用。但苯甲酸蒸气对呼吸道、眼睛和皮肤产生刺激，用量过多会对人体肝脏产生危害，甚至致癌，很多国家（如日本）已经限制使用。苯甲酸是许多复杂有机物降解的中间体，对多种微生物呼吸酶系统的活性有抑制作用，对乙酰辅酶A的缩合反应具有较强的阻碍作用，并可以改变微生物细胞膜的通透性，抑制细胞膜对氨基酸的吸收。由于它对微生物有很强的抑制作用，故含有苯甲酸的废水，一般难以生物处理。

七、参考文献

1. 何炳林，黄文强．离子交换与吸附树脂［M］．上海：上海科技教育出版社，1995.

2. 冯孝庭．吸附分离技术［M］．北京：化学工业出版社，2000.

3. 章燕豪．吸附作用［M］．上海：上海科学技术文献出版社，1998.

4. 张全兴，陈金龙，潘丙才．离子交换与吸附树脂的发展及在工业废水处理与资源化中的应用［J］．高分子学报，2015，9：21-43.

实验四十三

壳聚糖水凝胶对甲基橙的吸附研究

一、实验目的

1. 掌握生物大分子水凝胶的制备技术。
2. 掌握吸光度法测定吸附体系中甲基橙含量的方法和技术。
3. 熟练绘制甲基橙吸附动力学曲线。

二、实验原理

近年来，壳聚糖水凝胶由于其高吸附能力和绿色经济等特点，对工业废水中常见的染料和重金属离子等污染物的吸附处理已经得到广泛关注。与其他常用吸附材料相比，壳聚糖水凝胶的优势在于吸附容量大且效率高。根据废水中污染物的化学结构和物理性质的不同，壳聚糖水凝胶可以通过络合、静电作用、氢键作用和离子交换等物理化学作用将污染物从各种废水中吸附分离。例如，通过将丙烯酰胺接枝到壳聚糖上，制备出能够高效吸附碱性染料品红的水凝胶吸附剂，在原有的基础上提高了水凝胶吸附剂对染料的吸附效果。利用草酸（OA）与壳聚糖合成水凝胶珠吸附剂，并成功将其应用于偶氮染料活性红的吸附中。结果表明，草酸交联壳聚糖水凝胶是一种环保、经济、高效的染料吸附材料。

作为一种机械性能强、生物相容性好、功能多样的吸附剂材料，壳聚糖水凝胶在水处理方面的应用已经备受关注。除此之外，在生物医药、组织工程等方面同样有着极高的应用价值。将壳聚糖通过化学或物理修饰或与其他材料复合形成水凝胶结构，不仅能改善壳聚糖在酸性条件下易溶解的缺点，还能提高其对废水中多种污染物的吸附能力。

三、实验仪器与药品

1. 仪器

三口烧瓶、圆底烧瓶、研钵、烧杯、量筒、机械搅拌器、磁力搅拌器、电热套、电子天平、水浴锅、干燥箱、紫外-可见分光光度计。

2. 药品

壳聚糖（分析纯）、冰醋酸（分析纯）、甲基橙（分析纯）、乙二醇（分析纯）。

四、实验步骤

1. 壳聚糖水凝胶的制备

称取 5 g 壳聚糖，倒入配制的体积分数为 2% 的稀醋酸溶液中混合，在 70 ℃下，用磁力搅拌器恒温搅拌，直至溶液呈现黄色透明状胶体，配制成 5% 质量浓度的壳聚糖酸性溶液。

用量筒量取 20 mL 的乙二醇，缓慢加入上述的壳聚糖酸性溶液中，继续搅拌，在 50 ℃条件下恒温搅拌 20 min 以确保混合均匀，冷却至室温备用。

将上述制备的壳聚糖与乙二醇的混合液平均倒入 3 只 50 mL 的烧杯中，用封口膜封口。置于冰箱中冷冻保存，冷冻成固体凝胶块，再置于室温下解冻 1 h。重复该步骤 5 次以生成均匀的壳聚糖-乙二醇水凝胶。

将反复冻融而成的水凝胶放入干燥箱中，在 60 ℃下烘干 24 h。最后将新型壳聚糖水凝胶用研钵研磨备用，即可制成壳聚糖-乙二醇水凝胶吸附剂。

2. 甲基橙吸附动力学实验

称取一定量的甲基橙，以二次蒸馏水溶解后配制成需要浓度的储备液，其浓度通过紫外-可见分光光度计在 456 nm 处测其吸光度。

分别配制 500 mL 的 80 mg/L、125 mg/L、150 mg/L 的甲基橙溶液，再分别称取 0.1 g 的壳聚糖水凝胶，倒入甲基橙溶液，在室温下磁力搅拌。在开始搅拌后 0 min、15 min、30 min、45 min 、60 min、90 min 、120 min、180 min、240 min、360 min、480 min、600 min、720 min 时用紫外-可见分光光度计记录吸光度并观察吸光度变化。吸附平衡时吸附剂固相中的吸附质的浓度 Q_e（mg/g）通过下式计算：

$$Q_e=V(c_0-c_e)/m$$

其中，V 是溶液的体积，L；m 是干燥树脂的质量，g。

3. 吸附动力学曲线的绘制及拟合

准一级动力学方程式为：

$$\frac{dq_t}{dt}=k_1(q_e-q_t)$$

$$\ln(q_e-q_t)=\ln q_t-k_1 t$$

式中，q_t 和 q_e（mg/g）分别为甲基橙在 t 时刻的吸附量和平衡时的吸附量，k_1（min^{-1}）为准一级吸附速率常数。

以时间 t（min）为横坐标，$\ln(q_e-q_t)$为纵坐标，绘制不同浓度下甲基橙在壳聚糖水凝胶吸附准一级动力学曲线。

准二级动力学方程式为：

$$\frac{dq_e}{dt}=k_2(q_e-q_t)^2$$

$$\frac{t}{q_t}=\frac{1}{k_2 q_e^2}+\frac{1}{q_e}t$$

以时间 t（min）为横坐标，t/q_e 为纵坐标，绘制不同浓度下甲基橙在壳聚糖水凝胶吸附准二级动力学曲线。

五、问题讨论

1. 举例说明壳聚糖水凝胶在其他方面的用途。

2. 根据吸附动力学曲线，分析壳聚糖水凝胶吸附甲基橙符合何种动力学曲线？为什么？

3. 根据紫外-可见吸收光谱，分析吸附前后特征峰的变化，探讨是何种吸附机理。

六、知识链接

甲基橙对环境的危害主要有两方面：①甲基橙色泽深，进入环境水体后，使水体的透光率减弱，水生植物的光合作用受到影响；②甲基橙分子可以穿透生物细胞（包括生殖细胞），进入生殖细胞后能破坏和改变生物的遗传物质，造成生物繁殖能力下降，严重时会导致生物多样性降低，生态失调。

壳聚糖材料在吸附与再生、环境修复上有明显良好的效果，在医学方面，抑制微生物真菌的过度生长，保障医疗无菌、绿色、安全、健康。壳聚糖还具有阻燃与防霉功能，可用作水环境修复材料、水果的保鲜涂膜、阻燃防霉剂。

七、参考文献

1. 冯颖，李可心，张宏，等．壳聚糖复合水凝胶的制备方法及在水处理中的应用 [J]．工业水处理，2024，44 (2)：17-26.

2. 贾燕春．壳聚糖水凝胶的制备及其对罗丹明 B 的吸附研究 [J]．山西化工，2019，6：5-7.

3. 陆泉芳，郑继东，俞洁，等．壳聚糖/聚丙烯酸水凝胶的制备及对 Cu^{2+} 和 Cd^{2+} 的吸附 [J]．精细化工，2016，33 (12)：1398-1404.

实验四十四

含氟磁性活性炭的制备对四环素的吸附研究

一、实验目的

1. 掌握含氟磁性活性炭的制备及其表征方法。
2. 掌握含氟磁性活性炭吸附性能的测试方法。
3. 了解活性炭吸附的基本原理。

二、实验原理

自1941年抗生素应用于临床以来，该类药物为人类的健康和医疗事业的进步做出了重大贡献，故被公认为20世纪最伟大的医学发现。抗生素为广泛应用于临床的抵抗致病微生物的抗感染药物，其种类繁多，可以分为十多个大类。其中，四环素类抗生素是从放线菌金色链丛菌的培养液中分离出来的广谱抗菌物质，对革兰氏阳性菌、革兰氏阴性菌、立克次体、滤过性病毒、螺旋体属乃至原虫类都有很好的抑制作用，属于广谱型抗生素，其结构通式以及相关性质如下：

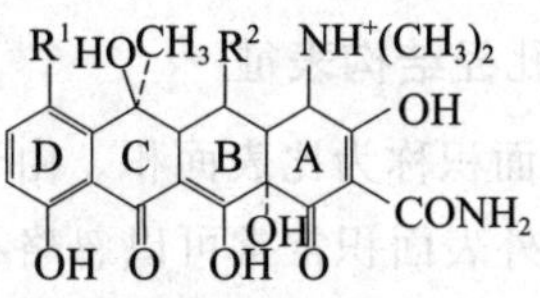

四环素在农业、养殖等行业的应用是该化合物进入环境的重要源头。譬如，美国允许在饲料和养殖水体中添加低于治疗剂量的抗生素，用于防治疾病和促进生物的生长，而四环素类抗生素是应用最为广泛的添加剂之一。然而，四环素类抗生素在动物消化系统内的吸收效率很低，其中高达50%～80%的四环素类抗生素未经代谢就通过尿液和粪便排出体外。故未经代谢或未完全代谢的四环素会随农场的食物残渣、动物粪便、有机垃圾等一起进入环境。此外，在水产养殖场也经常施用四环素类抗生素，该类化合物会在水体沉积物中富集，并会随水体传递扩散到其他地方。

在家庭和医疗机构中的广泛使用也是该化合物进入环境的另一重要途径。由于四环素类药物具有高效和广谱的特点，在家庭以及医疗机构中，抗生素是用于杀灭病原体的常用药物，尤其是医疗机构使用的抗生素种类繁多而且使用密集，而该类药物在人类体内代谢效率很低，大部分的抗生素未经代谢即被排出体外进入污水处理系统。当今家庭和医疗机构对抗生素的依赖和滥用加剧了这一现象。

四环素类抗生素在体内的吸收率不高，通常以活性物质释放在排泄物中，并且在水生环境中具有较长的半衰期，在废水、地下水、污泥和地表水中常检测出四环素类抗生素，这导致水环境的污染，进而破坏生态环境系统。而现有的污水处理厂的沉降、砂滤、紫外消毒等流程并不能有效降低四环素的抗药性因子的种类和浓度，用磁性活性炭处理四环素污染是最简便的方法之一。

三、实验仪器与药品

1. 仪器

管式炉、电热恒温鼓风干燥箱、电子天平、超声波清洗仪、旋转蒸发仪、锥形瓶、恒温振荡器、干燥箱、紫外-可见分光光度计、比表面积及孔径分布测定仪。

2. 药品

聚偏氟乙烯、氯化镍（六水）（分析纯）、无水乙醇（分析纯）。

四、实验步骤

1. 磁性聚偏氟乙烯的制备

称取 6.0 g 氯化镍（六水）溶解于 100 mL 无水乙醇中，等待其完全溶解后，加入 3 g 聚偏氟乙烯（PVDF）搅拌均匀，放入超声波清洗仪中振荡 2 h，充分溶解。将溶解好的药品放入旋转蒸发仪中 1 h，去除乙醇，再放入烘箱，温度设置为 110 ℃，烘 4 h，关闭烘箱，取出药品转移至管式炉，通入氮气 5 min 排出空气，再持续通入氮气，设置温度为 700 ℃，时间 1 h，炭化活化，降温至 200 ℃后关闭电源，自然冷却至室温。取出产物浸泡直至中性，放入烘箱，温度设置为 85 ℃，烘 2 h，取出产物，研磨，过 100 目筛，即得到磁性 PVDF 活性炭。

2. 磁性活性炭的比表面积及孔径结构表征

单位质量固体物质所具有的表面积称为比表面积。由于固体物质的外表面积远远小于固体物质的内表面积，因此，固体的外表面积常常可以忽略不计，所以比表面积通常指内表面积，常用单位为 m^2/g。不同固体物质之间的比表面积有很大的差别，通常作为吸附剂、脱水剂和催化剂使用的固体物质具有较大的比表面积。活性炭的比表面积可达 1000 m^2/g 以上，其比表面积通常用比表面积及孔径分布测定仪测定。

3. 四环素吸附实验

（1）四环素标准曲线

配制出 100 mg/L 四环素标准溶液，分别移取一定量的四环素标准溶液至 50 mL 比色管中，稀释至 50 mL，再用紫外-可见分光光度计测出其吸光度，将吸光度 A 作为横坐标，浓度作为纵坐标，作图。

（2）吸附平衡实验

四环素在不同温度（288 K、303 K、318 K）下的静态平衡吸附实验操作方法如下：精确称取经预处理并干燥至恒重的含氟磁性活性炭各 0.1000 g 分别置于 150 mL 锥形瓶中，分别在各个锥形瓶里加入 100 mL 浓度不同的四环素溶液，温度为 303 K、318 K 时进行同样的操作，置于振荡器中以 120 r/min 的转速振荡 48 h，取样并用 0.45 μm 的滤膜过滤两次，至溶液澄清透明无磁性活性炭颗粒。稀释后，再用紫外-可见分光光度计测出吸光度，计算出 c_e，用公式计算出平衡吸附量 q_e 和去除率 η。

$$q_e=\frac{(c_0-c_e)V}{m}$$

$$\eta=\frac{c_0-c_e}{c_0}\times 100\%$$

五、问题讨论

1. 制备含氟磁性活性炭还有哪些其他方法?

2. 含氟磁性活性炭在其他方面的用途有哪些?

3. 查阅文献,如何提高含氟磁性活性炭的吸附性能?

六、知识链接

活性炭是一种由含碳材料制成的具有发达的内部孔隙结构、丰富的表面官能团、巨大的比表面积的吸附材料。活性炭表面存在不同含量的杂原子(O、N、S等),它们可能来自活性炭的制备前驱体,也可能来自制备过程或后续处理过程。这类杂原子对活性炭表面荷电、疏水力以及电子云密度等特质有重要影响,从而进一步对活性炭与吸附质之间的静电和非静电作用均产生显著影响。

磁性碳主要通过以下几种方法制备:①溶胶-凝胶法。以炭源前驱体与无机或有机化合物为原料,通过水解缩聚反应凝胶化,再煅烧成炭,此方法得到的磁性碳粒度均匀,但过程复杂,消耗大。②前驱体混合热解法。以金属盐和炭前驱体为原料,通过混合、烘干、热解等步骤,实现炭前驱体的碳化并且将金属盐原位变为金属氧化物。此方法是制备磁性碳最常用的方法之一,虽工艺简单、设备要求低,但能耗过大且适用范围小,热解过程中不易控制。③黏结法。先将成品活性炭和磁性材料混合,再通过黏结剂把它们粘起来,以此来使活性炭具有磁性。由于使用了黏结剂,活性炭的空隙被堵住,降低了吸附能力,所以此方法应用不多。④吸附法。首先制备出磁流体,再将活性炭加入磁流体中搅拌,让磁流体吸附到活性炭上,最后通过超声或酸洗去除多余的磁流体。此方法避免了黏结剂堵孔的问题,但磁性组分易脱落。⑤水热/溶剂热法。利用金属盐的水解作用,先产生金属氧化物晶粒,再负载到活性炭上,以此来制备磁性活性炭。此方法具有易控制金属氧化物纯度和形态的优点,但对于环境要求具有耐高温高压的特性,限制了此方法的应用。⑥浸渍热解法。先将活性炭浸入金属盐溶液中,充分吸附之后再在氮气的环境中煅烧负磁。此方法设备要求低、工艺简单,制备的磁性活性炭产品性能好,但能耗过大。

七、参考文献

1. 钟少芬,莫健文,李阳苹,等. 粉末活性炭对水中氯酚的吸附[J]. 环境工程学报,2016,10(6):2927-2932.

2. 申朋飞,朱颖颖,李信宝,等. 植物基活性炭的制备及吸附应用研究进展[J]. 化工进展,2019,38(8):3763-3773.

3. 吴有龙,徐嘉龙,马中青,等. KOH活化法制备气化稻壳活性炭及其吸附性能[J]. 生物质化学工程,2021,55(1):31-38.

4. 张胜利,陶利春,姜曼,等. 铁基磁性活性炭制备方法研究进展[J]. 工业安全与环保,2015,41(8):90-92.

实验四十五

高温热氧化微塑料对农药乙草胺的吸附

一、实验目的

1. 了解环境中聚苯乙烯（PS）微塑料与乙草胺农药的来源与危害，学习老化微塑料的制取与表征方法。

2. 通过高效液相色谱法检测乙草胺的含量。

3. 学会设计吸附实验，掌握 Origin 分析吸附实验数据的方法。

二、实验原理

微塑料是一种直径小于 5 mm 的颗粒，是对大气环境造成污染的重要因素之一。微塑料有着很小的体积，也就是说它会有特别大的比表面积，比表面积愈大，吸附污染物质的能力也就会变得愈强。微塑料主要由初生、次生微塑料组成：初生微塑料是指塑料经过湖泊以及污水加工厂等方式流入自然环境中的微颗粒；次生微塑料则是指由体积较大的塑料废物经过物理、化学、生物等过程所造成的体积分裂以及体积逐渐减小，进而形成的塑料颗粒。

聚苯乙烯（PS）是一种无色且透明，并具有热塑性的塑料，是一种由苯乙烯单体经过自由基加聚反应合成的聚合物，自身具备大于 110 ℃的玻璃化转变温度，平时一般用来制作多种能够承受热水温度的一次性储存器（如箱子、罐子、坛子等），以及一次性的生活用品等。PS 在水中或自然环境中的存在会导致许多毒性的产生。PS 中的 C—C 链具有高分子量和强疏水性，并且对氧化还原过程中的酶裂解具有高度抗性。经常密切接触聚苯乙烯制品将会使人体内苯乙烯浓度持续升高，甚至导致各种癌症的发生；聚苯乙烯中苯基化合物的存在会导致人体内分泌的失调，致使雄性生殖系统疾病、影响女性生殖系统以及激素分泌。聚苯乙烯制品中甚至还包含烷基酚阴离子、烷基酚阳离子或其他表面活性剂，有可能对人体神经系统造成不可逆的伤害，导致头疼、昏厥，甚至死亡。

农药乙草胺（$C_{14}H_{20}ClNO_2$），是一种芽前除草剂，一般用于花生、大豆、棉花和玉米等农作物田地的除草。乙草胺的纯物质外观为淡黄色溶液，原药液因其含有各类杂质而显现出深红色外观。乙草胺的优 点如下：稳定的性质，不容易挥发和光解；不溶于水，但极易溶于有机溶剂（例 如：乙醚、丙酮、苯、乙醇、乙酸乙酯）；熔点＞0 ℃，蒸气压＞133.3 Pa，沸点 ＞200 ℃。

物理完整性的缺失和塑料聚合物的降解称为老化。环境中微塑料可以通过化学物质、机械力、生物、光照和较高温度等综合因素发生物理、化学、生物老化，从而影响到移动转化过程。老化后的微塑料表面样貌和理化性质发生明显变化，微塑料的老化还会改变其吸附污染物的能力。由于微塑料体积小，比表面积大，因此，它们具有很强的吸附能力。老化后，微塑料的表面性质发生改变，因而对污染物的吸附效率和种类也随之改变。老化后的微塑料增强了对污染物的吸附能力，吸附主要通过范德华力、疏水作用、氢键等作用方式吸附重金属或有机污染物。这种变化可能会进一步增大微塑料对环境的污染程度。

三、实验仪器与药品

1. 仪器

圆底烧瓶、量筒、恒温磁力搅拌器、电子天平、电热鼓风干燥箱、恒温振荡摇床、数控超声波清洗仪、傅里叶变换红外光谱仪、X 射线衍射仪、高效液相色谱仪。

2. 药品

聚苯乙烯颗粒（平均粒径为 100 μm）、无水甲醇（色谱纯）、丙酮（分析纯）、15%过氧化氢、乙草胺标准试剂（100 mg/L）、乙草胺原药、乙腈（色谱纯）。

四、实验步骤

1. 微塑料的老化

取 5 g PS 与 50 mL 15% H_2O_2 充分混合，在 80 ℃的环境中进行 6 h 的热氧化，在此过程中不断搅拌以确保固液混合物混合均匀。老化完成后，用去离子水反复洗涤微塑料，随后在 50 ℃烘箱中干燥。

2. 老化微塑料的表征

（1）傅里叶变换红外光谱分析测试

采用傅里叶变换红外光谱（FTIR）分析微塑料样品表面官能团，测试波数范围为 400～4000 cm^{-1}，将微塑料样品置于红外灯下保持干燥，取少量微塑料粉末与 KBr 粉末研磨混合，压片测试。

（2）X 射线衍射分析测试

采用 X 射线衍射仪（XRD）解析微塑料样品的晶体结构，测试微塑料样品性质和晶化结构。X 射线衍射的扫描范围为 5 °～80 °，扫描速度为 60 °/s。

3. 乙草胺标准曲线绘制

利用高效液相色谱仪检测乙草胺含量变化，将乙草胺标准试剂加入丙酮稀释为 5 mg/L、10 mg/L、15 mg/L、20 mg/L、30 mg/L 的梯度标准溶液，设置高效液相色谱仪的条件为：检测波长 220 nm，流动相为乙腈∶水＝70∶30，流速 10 μL/min，柱温 30 ℃，保留时间 4.5 min，色谱柱为 ODS-C18 柱，250 mm×4.6 mm，5 μm。对在该条件下测得的乙草胺标准溶液的吸收峰进行积分，依据所得峰面积与标准溶液浓度绘制标准曲线。

4. 吸附实验

（1）吸附动力学实验

取乙草胺原药溶于无水甲醇中，配制为 100 mg/L 的乙草胺母液，取乙草胺母液于 20 mL 棕色样品瓶中稀释浓度为 30 mg/L，称取 30 mg 原始以及高温热氧化老化的 PS 分别加入样品瓶中。将样品瓶放入恒温振荡摇床中，以 180 r/min 的速度进行振荡使其混合均匀，温度控制为25 ℃左右，分别于第2 h、4 h、6 h、8 h、12 h、24 h、36 h和48 h时采集1 mL的样品并用0.22 μm滤膜进行过滤，将滤液注入液相小瓶中存放于4 ℃下待测，使用高效液相色谱仪测定乙草胺的含量。以上每组实验设3个平行样以及对照组（不含微塑料）。

（2）吸附等温学实验

与上述吸附动力学实验操作步骤及方法相似，要进行吸附等温学实验，通过改变农药乙草胺溶液的初始浓度来完成实验。分别于棕色样品瓶（20 mL）中 配制乙草胺溶液浓度为5 mg/L、10 mg/L、15 mg/L、20 mg/L和30 mg/L，准确称取30 mg原始以及高温热氧化后的PS加入样品瓶中。将样品瓶放入恒温振荡摇床中，以180 r/min的速度进行振荡使其混合均匀，温度控制为25 ℃左右，于48 h后分别采集样品，采集处理完毕后，用高效液相色谱仪进行数据测定。以上每组实验设3个平行样以及对照组（不含微塑料）。

5. 吸附模型的拟合

要计算吸附材料聚苯乙烯对目标污染物乙草胺的吸附容量，首先得了解吸附前后吸附剂的投入比以及污染物的浓度变化，计算公式如下所示：

$$Q_t=\frac{(c_0-c_t)V}{m}$$

式中 Q_t——微塑料吸附量，mg/g；

c_0——乙草胺初始浓度，mg/L；

c_t——取样时乙草胺浓度，mg/L；

V——溶液体积，L；

m——微塑料的投放量，g。

使用准一级动力学模型和准二级动力学模型描述其吸附行为，方程式如下：

$$\text{准一级动力学模型：}Q_t=Q_e(1-e^{-k_1t})$$

$$\text{准二级动力学模型：}Q_t=\frac{k_2tQ_e^2}{1+k_2tQ_e}$$

式中 Q_e——吸附剂在到达吸附平衡时的吸附容量，mg/g；

Q_t——特定时间时的吸附容量，mg/g；

k_1——准一级动力学模型速率常数，h^{-1}；

k_2——准二级动力学模型速率常数，g/(mg·h)；

t——吸附时间，h。

采用Langmuir、Freundlich等温吸附模型研究PS微塑料对农药乙草胺溶液的吸附性能。

$$\text{Langmuir 等温吸附模型：}Q_e=\frac{Q_mk_Lc_e}{1+k_Lc_e}$$

$$\text{Freundlich 等温吸附模型：}Q_e=k_Fc_e^{\frac{1}{n}}$$

式中 Q_e——吸附剂在到达吸附平衡时的吸附容量，mg/g；

Q_m——吸附剂对污染物的理论饱和吸附容量，mg/g；

c_e——吸附平衡时溶液中的污染物浓度，mg/L；

k_L——Langmuir吸附常数，表示吸附剂对吸附质的吸附强度，mg/L；

k_F——Freundlich吸附常数，表示吸附剂吸附容量大小，$(mg/g)\cdot(L/mg)^{1/n}$；

n——反映了吸附剂表面吸附位点的非均质性。

分别以 t 为横坐标、Q_t 为纵坐标绘制吸附动力学曲线，以 c_e 为横坐标、Q_e 为纵坐标绘制吸附等温曲线，用吸附模型分别来拟合，求算出吸附参数。

五、问题讨论

1. 老化后的 PS 微塑料的结构与性质发生哪些变化?
2. 老化前后的 PS 微塑料对乙草胺的吸附性能差异如何?
3. 吸附性能的差异是由什么原因引起的?
4. 微塑料老化后的结构还可以通过哪些手段进行表征?
5. 吸附过程更加符合哪一个吸附模型?
6. 对实验改进有哪些设想和建议?

六、知识链接

大批量的塑料制品经过老化后形成的微塑料对环境产生的污染，已经吸引了中国乃至全球范围内环保者的关注。所有塑料制品都会不可避免地发生老化行为。老化微塑料具有粒径较小、比表面积大、疏水性强、容易转移等相关特征，可以吸附环境中的有机物并进行远距离转移。探究老化对于微塑料、污染物之间的吸附，对理性评估自然环境和生态风险因素，对微塑料的污染进行源头控制都具有非常长远的影响。

七、参考文献

1. 近藤精一，石川达雄，安部郁夫．吸附科学（原著第二版）[M]．李国希，译．北京：化学工业出版社，2006.

2. 陈雅兰，孙可，高博．微塑料吸附机制研究进展 [J]．环境化学，2021，40（8）：2271-2287.

3. 邓述波，余刚．环境吸附材料及应用原理 [M]．北京：科学出版社，2012.

4. 徐擎擎，张哿，邹亚丹，等．微塑料与有机污染物的相互作用研究进展 [J]．生态毒理学报，2018，13（1）：40-49.

实验四十六

新型 Co（Ⅱ）金属有机框架材料光降解刚果红的性能研究

一、实验目的

1. 掌握 Co（Ⅱ）MOFs 材料的合成及物性表征。
2. 掌握 Co（Ⅱ）MOFs 材料光降解性能的测试方法。
3. 了解光降解有机物的基本原理。

二、实验原理

MOFs 是金属有机骨架化合物（metal organic frameworks）的简称。它是由无机金属中心（金属离子或金属簇）与桥联的有机配体通过自组装相互连接，形成的一类具有周期性网络结构的晶态多孔材料。MOFs 是一种有机-无机杂化材料，也称配位聚合物（coordination polymer），它既不同于无机多孔材料，也不同于一般的有机配合物，兼有无机材料的刚性和有机材料的柔性特征，在现代材料研究方面展现出巨大的发展潜力和诱人的发展前景。

例如，有机涂料，特别是环氧基涂料，尽管其用途多种多样，但具有低力学性能（低耐磨性和抗裂性）。有趣的是，MOFs 已被证明能够为解决这一问题做出贡献，MOFs 可以将环氧涂层的脆性和裂纹增长特性改变为具有韧性和抗裂性的特性。聚合物在增强 MOFs 力学性能方面的影响已被报道，用聚合物链加载 MOFs 会增加其硬度并减少 MOF 崩解的可能性。研究表明，NH_2-UiO-66 及其甲基丙烯酸缩水甘油酯（GMA）改性衍生物（GMA-UiO-66）在提升 MOF 结构稳定性和力学性能方面具有显著效果。然而，在改性 MOFs（GMA-UiO-66）的情况下，环氧涂层的力学性能得到了显著的改进。在另一项研究中，Sn-MOFs@PANI 可以增强环氧涂层的力学性能。在醋酸纤维素基质中加入 Cu-MOFs 可以改善薄膜的力学性能。

MOFs 的稳定性可以解释为它在可能解体条件下的耐久性。在这方面，必须考虑的一个重要因素是有机配体和金属节点的配位韧性。当涉及水环境时，MOF 的稳定程度取决于 MOFs 成分和水分子之间可能发生的反应。水分子与 MOF 部分（有机和无机）反应的高趋势可导致 MOFs 降解。寻找可以获得更高的金属点头-连接体强度或限制水到达配位键的方法，是提高 MOFs 稳定性的方法之一。

三、实验仪器与药品

1. 仪器

三口烧瓶、圆底烧瓶、容量瓶、烧杯、机械搅拌器、磁力搅拌器、电热套、反应釜、电子天平、水浴锅、干燥箱、紫外-可见分光光度计、傅里叶红外光谱仪。

2. 药品

二硫代草酰胺（分析纯）、3-吡啶甲醛（分析纯）、N,N-二甲基甲酰胺（DMF，分析纯）、乙醇（分析纯）、2,6-萘二酸（分析纯）、六水合硝酸钴（分析纯）、甲醇（分析纯）、4,4-二苯醚二甲酸（分析纯）、刚果红样品。

四、实验步骤

1. 配体 3bpyttz 的合成方法

在 100 mL 三口烧瓶中，加入 0.60 g（5 mmol）二硫代草酰胺、1.29 g（12 mmol）3-吡啶甲醛、15 mL DMF，150 ℃下搅拌加热反应 6 h，观察到由血红色溶液变成棕黄色固液混合物。待反应结束，冷却至室温，抽滤得到浅黄绿色多晶粉末样品，用少量乙醇洗涤数次，得目的产物 3bpyttz。该产物的分子量为 296.37，理论产量为 1.4819 g，实际产量为 0.98 g，产率达到 66.1%。

该配体化合物中文命名为 2,5-二(3，吡啶基)-(1,3)噻唑并(5,4-d)(1,3)噻唑，简称为 3bpyttz，合成分子式如下所示：

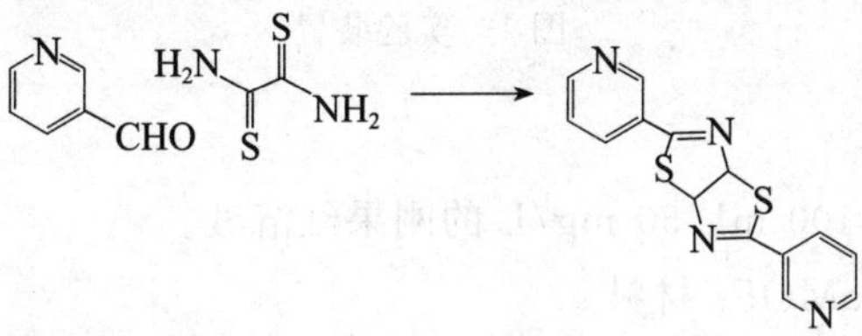

2. Co（Ⅱ）MOFs 的合成

① 称取 0.08 mmol（0.0237 g）3bpyttz、0.08 mmol（0.0173 g）2,6-萘二酸、0.08 mmol（0.0233 g）六水合硝酸钴，并量取溶剂 DMF∶CH_3OH = 4∶1（4 mL∶1 mL）置于反应釜中。在 140 ℃下恒温 2 天，140～80 ℃每隔 1 h 降温 5 ℃，80～30 ℃每隔 1 h 降温 10 ℃。把上层液倒掉，用溶剂反复清洗晶体，并去除杂质，过滤，用滤纸压干放入离心管，放入冰箱，此为样品 1。

② 称取 3bpyttz 0.08 mmol（0.0237 g）、4,4-二苯醚二甲酸 0.08 mmol（0.0207 g）和六水合硝酸钴 0.08 mmol（0.0233 g），并量取溶剂 DMF∶水 = 4∶1（4 mL∶1 mL）置于反应釜中。在 140 ℃恒温 2 天，140～80 ℃每隔 1 h 降温 5 ℃，80～30 ℃每隔 1 h 降温 10 ℃。把上层液倒掉，用溶剂反复清洗晶体，并去除杂质，过滤，用滤纸压干放入离心管，放入冰箱，此为样品 2。

3. 样品表征

CoMOFs 样品的表征由傅里叶红外光谱仪测定。

4. 刚果红标准曲线的绘制

刚果红溶液的配制：取 0.5 g 刚果红样品于小烧杯中，加水配成溶液，转移到 1000 mL 容量瓶中，定容，配制 1000 mL 质量浓度为 500 mg/L 的刚果红溶液作为实验的母液，按比例稀释配制 10 mg/L、20 mg/L、30 mg/L、40 mg/L、50 mg/L、60 mg/L、70 mg/L、80 mg/L、90 mg/L、100 mg/L 的刚果红溶液。用分光光度计测定其最大吸收波长为 497 nm，并测定吸光度值，以吸光度为 y 轴、质量浓度为 x 轴，得到刚果红的标准曲线方程。

5. CoMOFs 对刚果红光降解性能的研究

用氙灯模拟太阳光，具体装置如图 1 所示。

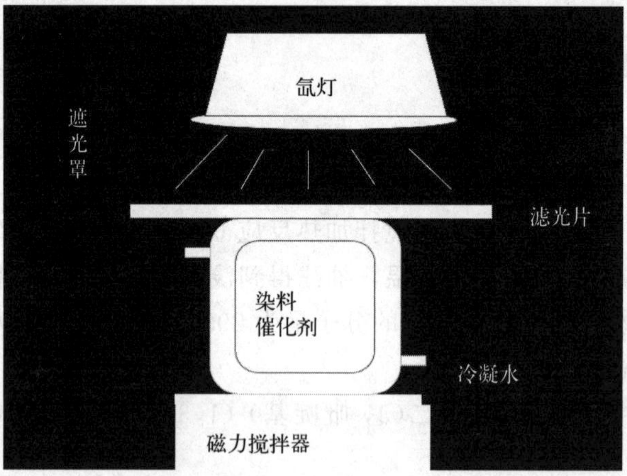

图 1　实验装置

具体步骤如下：

① 向反应器中加入 100 mL 50 mg/L 的刚果红溶液。

② 再加入 0.05 g CoMOFs 材料。

③ 避光条件下，磁力搅拌 1.5 h，用针管取 5 mL 样品于比色皿中测量吸光度，再搅拌 0.5 h，用针管取 5 mL 样品测吸光度值。若两次测量数值相近，则说明吸附达到平衡，可以进行光催化降解。

④ 吸附平衡后，打开光源，将光打到样品上，开启冷凝水，盖上滤光片，开始计时。第一个小时先每隔 15 min 取一次样，第二个小时开始每隔一个小时取一次样，用针管取 5 mL 样品于小瓶子中，用一次性过滤器进行过滤，测吸光度值，直到连续两次数值相近，再测一次样，记录数据。通过公式计算出光降解效率：

$$光降解效率=(c_0-c_t)/c_0\times100\%$$

式中，c_0 为刚果红初始浓度；c_t 为实验结束后刚果红浓度。

6. 光降解性能

考察 CoMOFs 样品在不同时间下对刚果红染料的降解效果，记录不同时间下刚果红溶液的吸光度值，通过刚果红溶液标准曲线计算其浓度，并对实验数据进行线性拟合。根据实验数据分别以 t 为横坐标、c_t/c_0 为纵坐标作图和以 t 为横坐标、$\ln(c_t/c_0)$ 为纵坐标作图，模拟动力学曲线。

7. 光降解后样品的循环利用

光催化结束后，保留吸附后的样品，过滤样品，用去离子水清洗 2 次，放入反应器，加入 100 mL 50 mg/L 刚果红溶液，进行光降解实验，重复上述操作，记录数据，得出刚果红的浓度，考察样品的降解效果。

五、问题讨论

1. MOFs 常用的制备方法有哪些？
2. 如何测试制备的 CoMOFs 材料的光降解性能并计算光降解效率？
3. 根据实验结果，查找相关文献，给出 CoMOFs 材料的光降解机制。

六、知识链接

刚果红（CR）是一种有毒的阴离子偶氮染料，国际纯粹与应用化学联合会（IUPAC）命名为二苯基-4,4′-二(偶氮-2-)-1-氨基萘-4-磺酸钠。除了重要的应用外，CR 还具有各种不良影响。它被代谢成联苯胺，这是一种人类致癌物。染料具有致突变性，并引起过敏反应和嗜睡。CR 的复杂化学分子结构使其具有高度稳定性和抗降解性。各种技术已被应用于处理废水排放物，这些技术对于合成染料的解毒具有经济、高效和环保的特点。一些物理方法包括絮凝、吸附、过滤、沉淀；化学策略包括混凝、臭氧化；生物方法包括生物降解和高级氧化过程。由于纺织废水成分的复杂性和合成染料的化学稳定性，大多数废水净化方法已被证明不足以去除它们。与生物和物理处理废水方法相比，高级氧化工艺（AOP）因具有破坏有机污染物的能力而引起研究人员的关注。最有效的方法之一是日光照射下染料的光降解脱色，有机污染物被彻底降解为无害或毒性大大降低的化合物，这使得光降解大受青睐。

七、参考文献

1. Sud D，Kaur G A. Comprehensive review on synthetic approaches for metal-organic frameworks：From traditional solvothermal to greener protocols［J］. Polyhedron，2021，193：114897.

2. Liu W，Zhong Y，Wang X，et al. Porous Cu（Ⅱ）fund for pH control anticancer drug delivery is an organic framework carrier［J］. Chemistry Engineering Communication，2020，111：107675.

3. Chiu Y H，Chang T F M，Chen C Y，et al. Mechanistic insights into photodegradation of organic dyes using heterostructure photocatalysts［J］. Catalysts，2019，9（5）：9050430.

4. Liu Y，Jin S，Yang H，et al. Application of Cu-containing 3D high-energy metal-organic framework as combustion catalyst in composite solid propellants［J］. Burning Flame，2021，225：57-64.

5. Qian L，Lei D，Duan X，et al. The design and preparation of metal-organic frame paper with enhanced mechanical properties and good antibacterial ability［J］. Carbohydrates Polymer，2018，192：44-51.

实验四十七

$AgFeO_2/Bi_{24}O_{31}Br_{10}$ 复合光催化剂还原 Cr（Ⅵ）的性能研究

一、实验目的

1. 掌握 $AgFeO_2/Bi_{24}O_{31}Br_{10}$ 复合光催化剂的合成及物性表征。
2. 掌握 $AgFeO_2/Bi_{24}O_{31}Br_{10}$ 复合光催化剂的光降解性能的测试方法。
3. 了解光催化剂还原重金属的基本原理。

二、实验原理

随着近年来化工行业的迅速发展，纺织、焦化、塑料、杀虫剂和制药等工业废水的排放量不断增加，其中不仅含有有害的染料、除草剂、抗生素等，还有一些重金属离子，如铬、镉等，这些都会对环境造成严重的污染。重金属污染在废水中的存在已经成为一个严峻的全球挑战，它不仅破坏了生态平衡，还危害着人类的健康。此外，重金属也是一种潜在的污染物，可能会对生物多样性和生态系统造成不可弥补的损失。铬在自然界中以 Cr（Ⅲ）和 Cr（Ⅵ）两种形式存在，Cr（Ⅵ）化合物具有剧毒性、致癌性、强氧化性和高渗透性，且易进入地下水，造成水体污染。然而，Cr（Ⅲ）作为一种重要的微量元素，性质非常稳定，其毒性远低于 Cr（Ⅵ），仅为其百分之一。因此，将 Cr（Ⅵ）还原为 Cr（Ⅲ）是去除 Cr（Ⅵ）污染的关键过程。

为了避免它们对生物和环境造成危害，迫切需要探索一种环保、高效的方法，用以处理含有 Cr（Ⅵ）的复杂混合废水。目前，一些传统的 Cr（Ⅵ）处理技术如化学沉淀法、生物法等存在技术成本高、废水处理量小、条件限制等问题。Cr（Ⅵ）作为一种新兴污染物，已逐渐成为我们关注的焦点。因此，寻找一种更加有效的方法来解决废水中污染物质的处理问题，是当前研究和解决的热点。

太阳能是一种具有资源丰富、经济高效以及绿色环保等优点的清洁能源，因此，合理开发利用太阳能可以实现人类社会可持续性发展，还可以有效地解决当前能源严重短缺与环境严重污染的问题。在各种利用太阳能的技术中，光催化技术是一种利用太阳能来改变物质性质的技术。在充分利用好太阳能方面，光催化技术具有很大的潜力，可以使太阳能得到更有效的利用，可作为环境污染问题的一种绿色有效途径。基于半导体光催化技术具有安全无害、绿色高效、成本低廉以及生产工艺简单的优势，光催化技术在环境治理中的应用前景非常乐观。在这些技术中，光催化技术以高效和环境友好的特点而受到人们的重视，研究和开发新的光催化材料在光催化技术中起着至关重要的作用。

三、实验仪器与药品

1. 仪器

三口烧瓶、圆底烧瓶、磁力搅拌器、离心机、反应釜、电热鼓风干燥箱、超声波清洗仪、紫外-可见分光光度计、X 射线衍射仪、氙灯光源系统。

2. 药品

五水合硝酸铋（分析纯）、溴化钾（分析纯）、乙醇（分析纯）、氢氧化钠（分析纯）、柠檬酸（分析纯）、二苯卡巴肼（分析纯）、硫酸（分析纯）、硝酸银（分析纯）、九水合硝酸铁（分析纯）。

四、实验步骤

1. $Bi_{24}O_{31}Br_{10}$ 纳米片的合成

$Bi_{24}O_{31}Br_{10}$ 的制备：采用水热法制备 $Bi_{24}O_{31}Br_{10}$ 粉末。通常，在 40 mL 去离子水的烧杯中分散 1.0 g $Bi(NO_3)_3 \cdot 5H_2O$，并剧烈地搅拌 15 min。完全溶解后，添加 1.0 g KBr。在室温下，将悬浊液的 pH 值用 3 mol/L NaOH 溶液调节至 11.5，然后将所得到的悬浊物在室温下搅拌 45 min。再将该悬浊液转移到容量为 100 mL 的高温高压蒸气反应釜中，随后送至温度为 160 ℃的烘箱并放置 18 h 使之反应充分。等待反应结束后，将反应后的悬浊液用超纯水洗涤，然后真空干燥 12 h，由此获得 $Bi_{24}O_{31}Br_{10}$ 样品。

2. $AgFeO_2/Bi_{24}O_{31}Br_{10}$ 复合材料的合成

$AgFeO_2$ 是通过 $AgNO_3$、$Fe(NO_3)_3 \cdot 9H_2O$ 和 NaOH 在室温下进行典型沉淀反应制备的。在 25 mL 的去离子水中，按顺序添加一定量的 $AgNO_3$ 及 $Fe(NO_3)_3 \cdot 9H_2O$，并将其充分搅拌 1 h。随后，以 1 mL/min 的速度滴加 20 mL 1.6 mol/L NaOH 到上述悬浊液中，然后对悬浊液进行 5 h 的强力搅拌，使悬浊液充分混合。待悬浊液充分混合后，将其放置在离心机中进行沉降。当悬浊液沉降至一定程度后，用大量的超纯水和乙醇进行清洗，再于 70 ℃环境下进行 12 h 的真空干燥。

在 25 mL 去离子水中，将一定量的 $Bi_{24}O_{31}Br_{10}$ 超声分散，然后在上述 $Bi_{24}O_{31}Br_{10}$ 的溶液中加入 4 mmol $AgNO_3$ 和 4 mmol $Fe(NO_3)_3$，用力搅拌 1 h。并将 20 mL NaOH 溶液（1.6 mol/L）以 1 mL/min 的速度滴加到上述悬浊液中，强力搅拌 5 h 后，离心得到沉淀，用大量的乙醇和超纯水分别清洗，然后在 70 ℃真空环境中干燥 12 h，具体制备过程如图 1 所示。

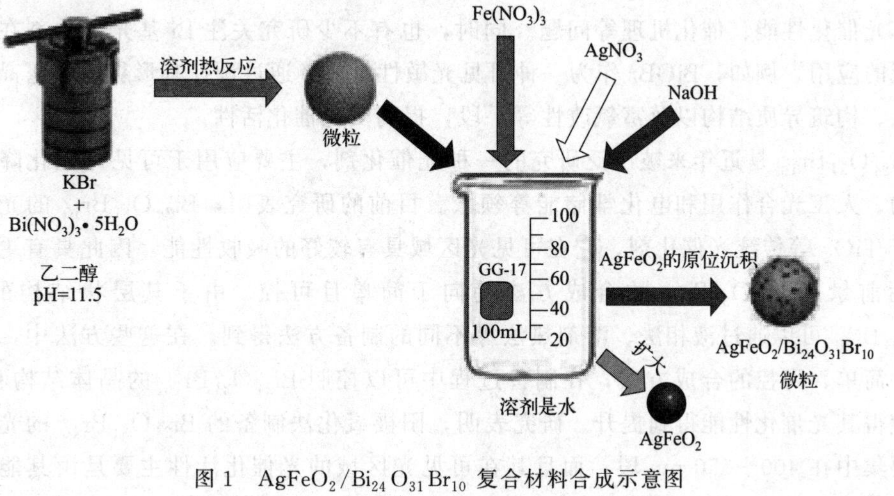

图 1　$AgFeO_2/Bi_{24}O_{31}Br_{10}$ 复合材料合成示意图

3. 材料的表征

$AgFeO_2$ 和 $Bi_{24}O_{31}Br_{10}$ 分别用 X 射线衍射仪进行表征，并分别与标准卡片对比。

4. 光催化材料活性的测试

通过在 300 W 氙灯下，以 Cr（Ⅵ）为主要研究对象，考察其光催化性能。首先添加 30 mg 柠檬酸，并使之完全溶解。在此基础上，向 50 mL 20 mg/L Cr（Ⅵ）溶液中加入 20 mg 固体样品，在黑暗中对混合物进行磁搅拌 30 min，从而建立吸附-解吸平衡，最后将灯打开，进行光催化性能测试。在光催化过程中，每 10 min 从烧杯中吸取约 2 mL 悬浮液，并离心，以去除固体颗粒。每只比色管吸取 9.0 mL H_2SO_4，然后取 1.0 mL 悬浮液和 0.2 mL 二苯卡巴肼，振匀，静置 10 min。在最大吸收波长下采用 UV-Vis 光谱法［Cr（Ⅵ）为 540 nm］下测量残余污染物的浓度。

5. 催化剂的光催化性能

为了评价 $AgFeO_2/Bi_{24}O_{31}Br_{10}$ 复合光催化剂的光催化活性，通过在模拟光照射下还原 Cr（Ⅵ），考察光催化剂在不同时间的光催化性能。

五、问题讨论

1. 光催化剂的改性方法有哪些？
2. Bi 基光催化剂与传统的 TiO_2 光催化剂相比有哪些优点？
3. 根据实验结果，查找相关文献，给出 Bi 基光催化剂的光降解机制。

六、知识链接

Bi 基光催化剂是一种新型的光催化材料，在环境治理、能源储存等领域受到了广泛的关注。近年来，国内外在 Bi 基光催化剂方面取得了一定的进展。在制备方法方面，研究人员采用了多种方法制备 Bi 基光催化剂，如水热法、溶剂热法、电化学方法等。在性能方面，研究人员通过对 Bi 基光催化剂的表面特性、结构、光学性质等进行分析和表征，探究其光催化性能、催化机理等问题。同时，也有不少研究关注 Bi 基光催化剂在环境治理领域的应用。例如，BiOBr 作为一种可见光敏性材料，通过调控其形貌、暴露晶面、元素掺杂、构筑异质结构以及富氧改性等手段，提高其光催化活性。

$Bi_{24}O_{31}Br_{10}$ 是近年来被广泛研究的一种光催化剂，主要应用于可见光催化降解有机污染物、人工光合作用和电化学储能等领域。目前的研究表明，$Bi_{24}O_{31}Br_{10}$ 的光催化活性优于 TiO_2 等传统光催化剂，它在可见光区域具有较好的吸收性能，因此具有更加广泛的应用前景。$Bi_{24}O_{31}Br_{10}$ 的合成方法趋向于简单且可控。由于其层状结构的存在，$Bi_{24}O_{31}Br_{10}$ 可以通过液相法、溶剂热法等不同的制备方法得到。在这些方法中，液相法是一种简单、可控的合成方法，在制备过程中可以控制 $Bi_{24}O_{31}Br_{10}$ 的晶体结构和形貌，从而使得其光催化性能得到提升。研究表明，阳极氧化法制备的 $Bi_{24}O_{31}Br_{10}$ 的光吸收范围主要集中在 400～550 nm 段，而且其在可见光区域的光催化活性主要是由其能带结构和表面氧物种组成调控的。此外，其在光生电化学降解有机污染物方面的机理研究也进展迅速。研究表明，将 $Bi_{24}O_{31}Br_{10}$ 与 Fe_2O_3、TiO_2 等材料进行复合可以提高其在可见光区域的光催化性能，扩大其光吸收范围。

七、参考文献

1. Yin H, Fan T, Cao Y, et al. Construction of three-dimensional $MgIn_2S_4$ nanoflowers/two-dimensional oxygen-doped g-C_3N_4 nanosheets direct Z-scheme heterojunctions for efficient Cr（Ⅵ）reduction. Insight into the role of superoxide radicals [J]. J Hazard Mater, 2021, 420: 126567.

2. Jabbar Z H, Ammar S H, Ebrahim S E. Enhanced visible-light photocatalytic bacterial inhibition using recyclable magnetic heterogeneous nanocomposites（Fe_3O_4 @ SiO_2 @ Ag_2WO_4 @ Ag_2S）in core/shell structure [J]. Environmental Nanotechnology, Monitoring & Management, 2021, 16: 100601.

3. 常晓峰．卤氧化铋化合物的制备及其光敏化分解罗丹明 B 的研究［D］. 南京：南京航空航天大学，2014.

4. 黄倩倩．铋系纳米光催化剂的制备、表征及光催化性能研究［D］. 南京：南京师范大学，2011.

5. 姬燕培，陈西良．纳米 BiOI 的制备及其对溴甲酚绿的光催化降解［J］. 环境科学与技术，2016，10（39）：31-35.

6. 陶亚茹，谢汝义，张琳萍，等．可见光催化剂 BiOI 的制备及其对活性蓝 KN-R 的降解机理［J］. 东华大学学报（自然科学版），2015，41（6）：774-780.

7. 杜永芳，陈桂娟，王安杏，等．铋系光催化材料的制备及其应用研究［J］. 环境保护与循环经济，2022，42（1）：19-22.

实验四十八

臭氧催化氧化降解吡啶废水的研究

一、实验目的

1. 掌握臭氧浓度的测定方法。
2. 掌握臭氧发生器的操作方法。
3. 考察溶液 pH、臭氧浓度和催化剂对吡啶废水的影响。

二、实验原理

水是影响大自然的重要因素，也是人们赖以生存的有限资源。目前，中国有 400 多个城市缺水，我国存在严重的“南多北少，东多西少”的水资源分布不均问题。中国淡水资源总量为 2.8×10^{12} m^3，人均水资源量仅为 2200 m^3。然而，工业的迅速发展，导致工业废水的数量和污染物的种类急剧增加。而工业废水的不达标排放，导致水资源的大规模污染，加剧我国水资源短缺问题的严重性。因此，工业废水污染物治理达标排放问题成为当下最为关注也迫切需要解决的难题。

吡啶是一种“三致”环境污染物。其在工业中的广泛应用，导致多数工业废水中含有吡啶。含吡啶废水的特点通常表现为化学需氧量（COD）浓度高、有机氮含量高、毒性高，一般处理方法很难降解吡啶废水。根据目前的研究发现，常用处理吡啶废水的方法有以下三种：物理化学法、生物法、高级氧化法。物理化学法可以降解吡啶废水，但是缺点是处理后的吡啶废水仍然具有毒性，降解后的吡啶环并没有被攻击断开，只能处理低浓度吡啶废水，且设备投入大、成本高昂，容易产生二次污染。生物法具有价格低廉、应用范围广、出水水质稳定等优点，缺点是反应时间长，并且由于吡啶废水是难于生物降解的物质，所以生物法必须与其他工艺相结合，才能有效去除吡啶废水。高级氧化法可以很好地降解有毒且难降解的物质，有不产生二次污染、反应时间短、降解有机污染物比较彻底等优点，但也存在一些问题，比如成本高、使用药剂量多等，这导致很难通过常规方法对其进行处理。因此，寻找一种高效、经济、稳定、无二次污染的方法处理吡啶废水具有十分重要的意义。

臭氧因其较强的氧化能力而被广泛地应用，单独使用臭氧氧化时，部分臭氧会分解生成·OH 对吡啶环进行攻击，从而促使其开环。开环后，臭氧分子进一步将其氧化降解，但是单独使用臭氧存在一定的局限性，臭氧分子在常温常压下的水中溶解度低，降解吡啶废水不够彻底，去除率较低。因此，在废水处理过程中，常通过添加催化剂的方式解决臭氧利用率低的问题，它可以使废水中的有机污染物完全矿化。

三、实验仪器与药品

1. 仪器

臭氧发生器、pH 计、电子天平、气体质量流量控制器、液体转子流量计、蠕动泵、

TOC 检测仪。

2. 药品

氢氧化钠（分析纯）、重铬酸钾（分析纯）、硫酸亚铁铵（分析纯）、硫酸银（分析纯）、硫酸汞（分析纯）、硫酸（分析纯）、氧气（>99.9%）、吡啶（分析纯）、H_2O_2（分析纯）、活性氧化铝（分析纯）、试亚铁灵指示剂。

四、实验步骤

1. 实验装置

实验室臭氧发生器为纯氧发生器，氧气经过臭氧发生器产生臭氧，调节气体质量流量控制器来控制进口臭氧浓度，蠕动泵的容积为 1.5 L，其实验装置图 1 所示。

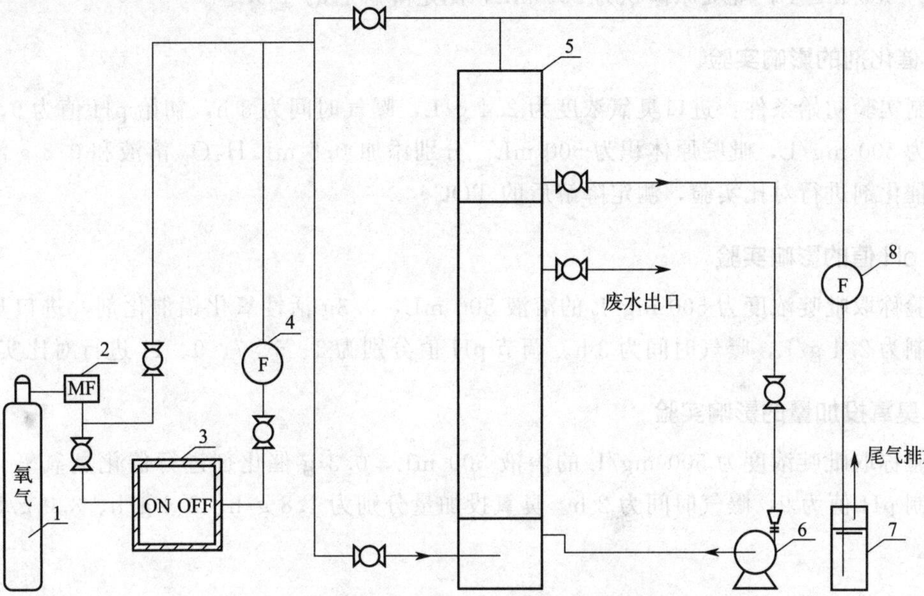

图 1 臭氧催化氧化降解吡啶废水的实验装置图

1—氧气瓶；2—气体质量流量控制器；3—臭氧发生反应器；4，8—臭氧检测器；5—反应器；6—蠕动泵；7—尾气吸收装置

2. 实验方法

① 称量 2.5 g 的吡啶，配制溶液浓度为 500 mg/L 的废水 5 L；

② 量取 500 mL 模拟吡啶废水加入反应器中，根据需要调节反应时间，接着依次打开氧气瓶阀门、臭氧发生器阀门；

③ 在设备上调节臭氧流量，让臭氧发生器先开始预热，等待 3～5 min，当臭氧浓度达到一定数值不变之后向反应器中通入臭氧。最后在鼓泡塔取样口进行取样，每 0.5 h 取一次，最后水样送至 TOC 检测仪酸化加热检测；

④ 待实验全部完毕后，第一步要关闭臭氧发生器；第二步等待氧气继续通入 10 min，目的是把溶解在废水中的臭氧排出，紧接着才能关闭氧气阀门，待无气体通入，最后关闭反应器上的进水阀门；第三步将废水排出，将反应器清洗干净，为下次实验做准备。

3. 分析方法

(1) COD 测定

取 10 mL 水样，依次加入 2 mL 硫酸汞、10 mL 重铬酸钾、15 mL 硫酸银-硫酸，加热 2 h，待水样冷却到 50 ℃左右时加入 45 mL 去离子水，彻底冷却之后滴入 2 滴试亚铁灵指示剂，最后用硫酸亚铁铵进行滴定并读数。

(2) TOC 的测定

取 5 mL 水样于 50 mL 离心管中，稀释 10 倍，摇匀后倒出 15 mL 左右水样，在 TOC 检测仪上酸化后加热检测。

4. 单独臭氧实验

控制实验初始条件：进口臭氧浓度为 2.4 g/L，曝气时间为 3 h，初始 pH 值为 9，吡啶浓度为 500 mg/L，吡啶原体积为 500 mL，测定降解后的 TOC。

5. 催化剂的影响实验

控制实验初始条件：进口臭氧浓度为 2.4 g/L，曝气时间为 3 h，初始 pH 值为 9，吡啶浓度为 500 mg/L，吡啶原体积为 500 mL。分别添加 0.5 mL H_2O_2 溶液和 0.3 g 活性氧化铝催化剂进行对比实验，测定降解后的 TOC。

6. pH 值的影响实验

实验称取吡啶浓度为 500 mg/L 的溶液 500 mL，0.3g 活性氧化铝催化剂，进口臭氧浓度控制为 2.4 g/L，曝气时间为 3 h。调节 pH 值分别为 3、5、7、9、11 进行对比实验。

7. 臭氧投加量的影响实验

实验称取吡啶浓度为 500 mg/L 的溶液 500 mL，0.3 g 催化剂进行催化臭氧氧化实验，控制 pH 值为 9，曝气时间为 2 h。臭氧投加量分别为 1.8 g/h、2.4 g/h、3.0 g/h 进行实验。

五、问题讨论

1. 实验过程中是否会有臭氧溢出？
2. 溶液 pH 是否影响臭氧降解吡啶废水？
3. 根据实验结果，查找相关文献，给出臭氧催化氧化降解吡啶废水的机制。

六、知识链接

吡啶是一种难降解和高毒性的水污染物质，广泛存在于煤焦油、矿物油和植物生物碱中。吡啶及其衍生物在有机合成、药物设计、农业化学、染料和材料科学等领域有着广泛的应用。在有机合成中，吡啶常作为溶剂或催化剂使用；在药物研发中，吡啶核心经常被嵌入到药物分子中，以提高其生物活性和药效；在农业化学中，吡啶衍生物被开发为高效的农药和杀虫剂；在材料科学领域，吡啶及其衍生物也被研究作为新型材料和催化剂。吡啶也可作为碱性溶剂使用，也是脱酸剂和酰化反应的优良溶剂；也可用作聚合反应、氧化反应、丙烯腈的羰基化反应等的催化剂；还可以用作硅橡胶稳定剂、阴离子交换膜的原料等。吡啶作为典型的杂环化合物之一，其中氮原子有很强的电负性，可以吸附环上的电子变成缺电子体，因此拥有较强的极性，很难降解。

七、参考文献

1. 于凤文，姬登祥，艾宁，等．生物柴油萃取高浓度吡啶废水［J］．环境工程学报，2008，2（6）：762-764.

2. 吕建华，姜枫，肖国民．超声协同 PDMS 膜渗透汽化分离吡啶和水［J］．高校化学工程学报，2011，25（16）：934-940.

3. 潘伟伟，罗月娥，徐林，等．TiO_2 的制备及合成条件对光催化性能的影响［J］．化工新型材料，2019，47：71-79.

4. 武倩，涂勇，徐军，等．改性活性炭催化臭氧深度处理化工废水的研究［J］．环境保护科学，2016，42（5）：81-85＋95.

5. 吴贤格．臭氧活性炭——高级氧化组合技术处理水中有机污染物的研究［D］．广州：中国科学院研究生院（广州地球化学研究所），2007.

6. 梁晓霞．非均相催化——臭氧氧化处理偶氮染料废水的研究［D］．天津：天津科技大学，2014.

实验四十九

凹凸棒土负载纳米零价铁/钯降解十溴联苯醚性能的研究

一、实验目的

1. 学会制备凹凸棒土负载纳米零价铁/钯双金属复合材料。

2. 学会用扫描电镜、透射电镜、比表面积及孔径分布测定仪和 X 射线衍射仪对复合材料进行表征的技术。

3. 了解复合材料降解有机物的基本原理。

4. 了解凹凸棒土负载纳米零价铁/钯双金属复合材料的最新研究成果。

二、实验原理

多溴联苯醚（polybrominated diphenyl ethers，PBDEs）在多种环境介质、生物体中大量存在，引起了科学界的高度重视，相关科研人员对 PBDEs 去除也有了进一步的探索。目前，PBDEs 降解主要通过还原或加氢脱溴、羟基化反应、醚键断裂等方式实现。降解 PBDEs 的技术主要有微生物降解技术、光降解技术、Fenton 降解技术、零价铁（zero valent iron，ZVI）降解技术等。

利用微生物降解 PBDEs 主要是指在厌氧微生物作用下，PBDEs 直接电子传递引起的脱溴还原反应，其中包含邻位脱溴、间位脱溴和对位脱溴，其目的是将高溴代的联苯醚还原脱溴为低溴代的联苯醚，利于下一步的降解。微生物降解技术的主要优势在于其成本较低、降解效果明显、不需要复杂的操作，但同时也存在降解周期长等缺点，多局限于还原脱溴环节。

光降解技术是指光照射 PBDEs，使其吸收 UV-B（280～315 nm）段和 UV-A（315～400 nm）段的紫外光谱能而产生光降解反应，且使溴原子发生脱离、重排等现象。PBDEs 的光降解受分子结构、光源、介质、共存物等因素的影响。光降解 PBDEs 的主要优势在于反应速率较快，但易产生剧毒性的 PBDDs 和 PBDFs 等二次污染物。

Fenton 降解技术的作用机理是 H_2O_2 在 Fe^{2+} 的催化作用下，生成具有强氧化性的羟基自由基，使有机物氧化分解，从而达到去除的效果。降解途径涉及脱溴、醚键断裂和羟基取代。Fenton 法降解技术具有反应快速、操作方便等优点，但同时存在成本高、有机物矿化不充分、H_2O_2 在运输及贮存过程中存在安全隐患等缺点。

零价铁降解技术是一种新兴且高效降解 PBDEs 的方法，该技术是将零价铁和 PBDEs 实现直接电子传递，从而达到降解 PBDEs 的目的。零价铁降解 PBDEs 技术具有还原脱卤效率高、经济可行性好、不产生有毒副产物等优点，但同时存在无法彻底降解的缺点。

纳米零价铁（nano-scale zero-valent iron，nZVI）具有表面活性高、比表面积大及价格低廉等优点，但同时存在易氧化、疏水性差、自身团聚效应和使用后不易分离及回收等缺点，因此很大程度上限制了其应用。纳米零价铁基双金属复合材料在提高纳米零价铁的反应活性方面展现出一定的优异性。目前，许多研究人员致力于采用负载型纳米零价铁基复合材料对环境中的 PBDEs 进行去除，其制备和应用逐渐成为研究的热点之一。

三、实验仪器与药品

1. 仪器

三口烧瓶、四口烧瓶、机械搅拌器、磁力搅拌器、恒温振荡器、超声波清洗仪、氮气吹扫仪、具塞锥形瓶、电热套、水浴锅、干燥箱、比表面积及孔径分布测定仪、扫描电子显微镜、透射电子显微镜、X 射线衍射仪、高效液相色谱仪。

2. 药品

十溴联苯醚（优级纯）、四氢呋喃（色谱纯）、硼氢化钠（色谱纯）、甲醇（色谱纯）、正己烷（色谱纯）、无水乙醇（分析纯）、浓硫酸（分析纯）、七水合硫酸亚铁（分析纯）、氢氧化钠（分析纯）、四氯钯酸钾（分析纯）、过氧化氢（分析纯）、无水硫酸钠（分析纯）、凹凸棒土（100 目，分析纯）。

四、实验步骤

1. ATP-Fe/Pd 材料的制备与表征

采用分步液相还原法合成 ATP-Fe/Pd 材料。首先，对含 100 mL 无水乙醇/水的混合溶液（无水乙醇体积分数为 40%）进行 N_2 吹扫，然后加入一定量的七水合硫酸亚铁，经超声溶解后，按照凹凸棒土（ATP）：Fe 质量比为 2：1 的比例加入 ATP，在氮气气氛下机械搅拌 30 min 后，逐滴加入 50 mL 浓度为 1.0 mol/L 的 $NaBH_4$ 溶液于反应体系中，强力搅拌 30 min，还原制得 ATP-Fe。然后加入无氧水和无水乙醇对 ATP-Fe 材料进行洗涤和过滤，接着在四口烧瓶中加入 50 mL 一定浓度的 K_2PdCl_4 溶液，并加入上述制备好的 ATP-Fe 材料，在氮气保护下机械搅拌 1 min，静置 15 min，再搅拌 1 min，静置 15 min 后停止反应，同样用无氧水和无水乙醇对材料进行洗涤和过滤，真空干燥后制得 ATP-Fe/Pd 材料。

采用比表面及孔径分布测定仪测定材料的孔径分布和比表面积。采用扫描电子显微镜和透射电子显微镜对筛选出的材料形貌和颗粒结构进行分析。采用 X 射线衍射仪对材料特征衍射峰进行分析。在 40 kV/40 mA 条件下，采用高功率 Cu Kα 辐射源（0.154 nm）获得材料的 X 射线衍射图。

2. 还原脱溴降解实验

配制浓度为 2000 mg/L 的十溴联苯醚（BDE209）储备液（溶剂为四氢呋喃）备用。量取 100 mL 一定浓度的 BDE209 储备液，加入一定体积比的四氢呋喃/水混合溶液于具塞锥形瓶中，稀释至预定初始浓度，混合均匀后用 1.0 mol/L 的硫酸溶液或氢氧化钠溶液调节 pH，并加入一定量的 ATP-Fe/Pd 材料，继续在搅拌器上反应。在已设定的时间间隔进行取样，用移液器取样后，过 0.22 μm 的滤膜，待取样结束，用高效液相色谱仪测定溶液中 BDE209 的浓度，计算 ATP-Fe/Pd 材料对 BDE209 的去除率。

3. 类 Fenton 氧化降解实验

量取 100 mL 一定浓度的 BDE209 储备液，加入一定体积比的四氢呋喃/水混合溶液于具塞锥形瓶中，稀释至预定初始浓度，混合均匀后用 1.0 mol/L 的硫酸溶液或氢氧化钠溶液调节 pH，并加入一定量的 H_2O_2 溶液和 ATP-Fe/Pd 材料，置于恒温振荡器中，25 ℃条件下进行反应。于设定时刻取样，过 0.22 μm 滤膜后置于一定量的甲醇溶液中，混合均匀后再进行测样。待取样结束，用高效液相色谱仪测定溶液中 BDE209 的浓度，计算 ATP-Fe/Pd 材料对 BDE209 的去除率。

4. 液相色谱分析条件

Waters e2695 高效液相色谱仪，紫外检测器，C18 柱（5 μm×150 mm×4.6 mm）。流动相：甲醇体积比为 100%；流速：1.0 mL/min；进样量：20.0 μL；检测波长：240 nm；柱温：30 ℃。

5. GC-MS 测定方法

样品前处理：取 10 mL 设定时刻的样品过 0.22 μm 滤膜于 30 mL 洁净样品瓶中，加入 4 mL 色谱纯正己烷，涡旋 2 min 后，超声萃取 20 min，转移上清液于 30 mL 洁净样品瓶中，加入无水硫酸钠除水后，转移上清液于 12 mL 样品瓶中，用氮气吹扫仪氮吹浓缩至近干，再用色谱纯正己烷定容至 1 mL，转移至进样瓶中待测 GC-MS。

色谱条件：Agilent 7890B-7000D GC/TQ。采用 HP-5MS 色谱柱（30 m×0.25 mm×0.25 μm）；载气为氦气，纯度 99.99%；流速 1.2 mL/min，恒流模式；进样口温度 280 ℃；进样体积 1 μL，不分流进样；溶剂延迟 3 min。

升温程序：初始温度 140 ℃，保持 1 min，以 5 ℃/min 的速率升温至 180 ℃，保持 5 min；再以 5 ℃/min 的速率升温至 260 ℃，保持 5 min；再以 15 ℃/min 的速率升温至 320 ℃，保持 20 min。

质谱条件：电离方式为电子轰击（EI），采用选择离子检测（SIM）模式。电离能量 70 eV；离子源温度 280 ℃；四级杆温度 150 ℃；碰撞气为氮气，纯度 99.99%。

6. 材料表征

（1）BET 表征：使用比表面积及孔径分布测定仪对凹凸棒土及负载钯的凹凸棒土进行表征和分析。

（2）SEM 表征：扫描电子显微镜对材料的微观形貌进行测定，并用能谱仪对钯进行半定量分析。

（3）XRD 表征：使用 X 射线衍射仪对凹凸棒土负载钯进行表征。

五、问题讨论

1. 列举两种以上凹凸棒土负载金属的性质和用途。
2. 凹凸棒土负载纳米零价铁/钯复合材料降解多溴联苯醚与其他方法相比有何优点？
3. 凹凸棒土负载纳米零价铁/钯复合材料的结构可以通过哪些手段进行表征？
4. 对实验改进有哪些设想和建议？

六、知识链接

多溴联苯醚（PBDEs）是一类有机污染物，其化学性质稳定、难降解、易富集，对环境与人体具有严重危害。PBDEs作为一种阻燃剂，其价格便宜、添加量少、热稳定性强且阻燃性能优异，被广泛应用在塑料制品、电器和建筑材料等领域；存在于各种环境介质和生物体中，是一类全球性的有机污染物，具有高毒性、环境持久性、生物积累性和长距离迁移性等特点。在使用、运输、处理过程中，PBDEs易通过水体沉积、干沉降、湿沉降和挥发扩散等途径进入大气、水体、土壤、沉积物等环境介质及生物体内，经过食物链、呼吸作用和皮肤接触等方式传递到人体中，毒害人类的生殖系统、神经系统和免疫系统等，从而对人类健康构成严重威胁。许多国家已经出台法案，要求限制其生产和使用，旨在保护人类健康和环境。但作为一种优异的阻燃剂，其在电子产品中的添加量依然高达5%～30%，在整个产品废弃过程中，环境中的PBDEs含量呈现上升趋势。

七、参考文献

1. 韦朝海，廖建波，刘浔，等.PBDEs的来源特征、环境分布及污染控制［J］. 环境科学学报，2015，35（10）：3025-3041.

2. 孔静静，赵文杰，周全法.多溴联苯醚的污染现状及降解技术研究进展［J］. 再生资源与循环经济，2020，13（11）：25-30，38.

3. 杨雨寒，徐伟伟，彭思侃，等. 纳米零价铁降解水中多溴联苯醚及降解途径研究［J］. 环境科学，2014，35（3）：964-971.

4. 刘总堂，谷成刚，叶茂，等. 可溶性有机质对凹凸棒土负载铁/镍降解黄棕壤中BDE47的影响［J］. 土壤，2017，49（3）：453-459.

5. 韩文亮，陈海明，陈兴童. 改性零价铁降解多溴二苯醚的研究进展［J］. 环境化学，2017，36（7）：1474-1483.

6. Li Q，Yang F，Su G，et al. Thermal degradation of polybrominated diphenyl ethers over as-prepared Fe_3O_4 micro/nano-material and hypothesized mechanism［J］. Environmental Science and Pollution Research International，2016，23（2）：1540-1551.

实验五十

溶胶-凝胶法制备纳米 TiO_2 及其光催化性能的研究

一、实验目的

1. 掌握溶胶-凝胶法制备纳米 TiO_2 的技术和方法。

2. 学会用扫描电子显微镜、X射线衍射仪、比表面积及孔径分布仪对纳米 TiO_2 表征的技术。

3. 学会使用紫外-可见漫反射光谱仪对半导体禁带宽度的测定。

4. 学会用紫外-可见分光光度计检测苯酚的含量。

二、实验原理

溶胶-凝胶法（Sol-Gel method）是一种起源于19世纪中叶的材料制备工艺，在20世纪得到了显著的发展和应用。这种方法主要用于制备无机材料，特别是纳米级别的材料，它具有高化学纯度、高度均匀性、较低的合成及烧结温度等优点。

溶胶-凝胶法的基本原理是把含高化学活性组分的化合物作为前驱体，在液相下将这些原料均匀混合，并进行水解、缩合等化学反应，形成稳定的透明溶胶体系。溶胶经过陈化、胶粒间缓慢聚合，形成三维网络结构的凝胶。凝胶网络间充满了失去流动性的溶剂，形成凝胶。凝胶再经过干燥、烧结、固化等步骤，最终制备出所需的材料。

（1）水解反应

$$M(OR)_n + xH_2O \xlongequal{} M(OH)_x(OR)_{n-x} + xROH$$

（2）缩合反应

$$:M{-}OH + HO{-}M: \xlongequal{} :M{-}O{-}M: + H_2O$$

（3）分解

$$:MOR + HO{-}M: \xlongequal{} :M{-}O{-}M: + ROH$$

溶胶-凝胶法根据产生溶胶凝胶过程机制的不同，主要分为以下几种类型：

① 传统胶体型：通过控制溶液中金属离子的沉淀过程，形成稳定均匀的溶胶，再经过蒸发得到凝胶。

② 无机聚合物型：通过可溶性聚合物在水中或有机相中的溶胶过程，使金属离子均匀分散到其凝胶中。

③ 络合物型：通过络合剂将金属离子形成络合物，再经过溶胶凝胶过程形成络合物凝胶。

溶胶-凝胶法相比其他方法具有许多独特的优点。

① 高化学纯度和高度均匀性：由于原料首先被分散到溶剂中，反应物之间在分子水平上被均匀混合。

② 易于掺杂：可以均匀、定量地掺入一些微量元素，实现分子水平上的均匀掺杂。

③ 较低的合成温度：化学反应容易进行，且所需的合成温度较低。

④ 制备材料种类多：可以制备各种新型材料，如超细粉末、薄膜涂层、纤维等。

随着工业和农业的逐步发展，大量的有机污染物在水体中慢慢累积，造成地下水和地表水的污染，直接危害人类的健康。依靠半导体材料的光催化氧化技术，由于其高效、环保、操作简单、条件温和、可循环利用等优点受到诸多研究者的关注，使其成为废水处理的前沿研究课题之一。在各种光催化剂材料中，TiO_2 具有廉价、无毒、氧化能力强、稳定性好等优点，是目前研究最多和应用最广的半导体光催化剂之一。

三、实验仪器与药品

1. 仪器

烧杯、机械搅拌器、水浴锅、干燥箱、培养皿、天平、比表面积及孔径分布测定仪、X射线衍射仪、扫描电子显微镜、紫外-可见分光光度计、紫外-可见漫反射光谱仪、红外灯、马弗炉。

2. 药品

钛酸丁酯（分析纯）、无水乙醇（分析纯）、浓盐酸（分析纯）、乙酸（分析纯）、苯酚（分析纯）。

四、实验步骤

1. 溶胶-凝胶法制备纳米 TiO_2

将 12 mL 无水乙醇和 10 mL 钛酸丁酯加入 150 mL 烧杯中充分混合得到溶液 A，水浴加热溶液 A 至 50～60 ℃，开启搅拌器。将 3 mL 无水乙醇、1 mL 乙酸、0.8 mL 浓盐酸和 1.5 mL 去离子水充分混合得到溶液 B。将溶液 B 以 1～2 滴/s 的速度滴加到溶液 A 中，溶液 A 立刻变浑浊，并随着溶液 B 的持续滴加，溶液黏度逐渐增大，液面漩涡逐渐减小，直至消失，停止搅拌，静置 5～10 min，即可观察到淡黄色凝胶。

将凝胶转入培养皿中，并置于红外灯下干燥，注意时而翻动固体使其均匀受热，最终变为黄色颗粒，大约需要 1～1.5 h。

将初步干燥的凝胶颗粒置于 80 ℃干燥箱中 4 h 干燥得到干凝胶，产量约为 2 g。将干凝胶置于马弗炉中，在 300 ℃焙烧 2 h 得到纳米 TiO_2 粉末，称量并计算产率。

将焙烧后的纳米 TiO_2 用水进行充分洗涤，直至洗液呈中性。

2. 纳米 TiO_2 的结构表征

使用扫描电子显微镜（Nova NanoSEM 450，FEI）对材料的微观形貌进行测定，并用能谱仪对材料元素进行半定量分析；

使用 X 射线衍射仪（D8 Advance，Bruker）对纳米 TiO_2 晶型进行测定；

使用比表面积及孔径分布测定仪（TriStar Ⅱ 3020，Micromeritics）对纳米 TiO_2 的比表面积和孔径进行分析。

3. 纳米 TiO_2 的禁带宽度测定

利用紫外-可见漫反射光谱仪（UV-Vis DRS）（Lambda365，PerkinElmer）测定 TiO_2 的波长与吸光度的关系，通过 Tauc plot 法计算其禁带宽度。

Tauc plot

$$(\alpha h\nu)^{\frac{1}{n}} = B(h\nu - E_g)$$

其中，α 为吸光系数，h 为普朗克常数，ν 为频率，B 为常数，E_g 为半导体禁带宽度，指数 n 与半导体类型直接相关，直接带隙 $n=1/2$，间接带隙 $n=2$。TiO_2 为 n 型半导体，这里计算直接带隙，$n=1/2$。

由 Tauc plot 可知，$(\alpha h\nu)^2$ 与 $h\nu$ 成线性关系，所以通过 Tauc plot 来计算 E_g 时，不论采用吸光度（Abs）还是吸光系数（α）对 E_g 值都没有影响，只是对系数 B 的计算有影响，所以简单起见，可以直接使用 Abs（简写成 A）替代 α。

具体操作：在 Origin 中以 $(Ah\nu)^2$ 对 $h\nu$ 作图，将得到图形进行线性拟合外推至横坐标轴，交点即为禁带宽度。测量 3 次，取平均值，记录于表 1。

表 1　二氧化钛的 E_g

序号	1	2	3	平均值
E_g/eV				

4. 纳米 TiO_2 对含酚废水的催化性能研究

配制浓度为 0.1 g/L 的苯酚模拟废水，取 0.18 g 制备的纳米 TiO_2 加入 30 mL 0.1 g/L 的苯酚溶液中，超声 5 min 使 TiO_2 均匀分散，然后将此悬浊液在黑暗条件下搅拌 30 min 使其达到吸附、脱附平衡。将此悬浊液置于光反应器中，采用紫外光照射进行降解实验。实验过程中每 5 min 取一次苯酚水溶液，并用 UV-Vis 分光光度计对苯酚浓度进行测定，记录于表 2。

表 2　二氧化钛光催化降解含酚废水

序号	降解时间/min	最大吸收波长/nm	降解率/%
1			
2			
3			
4			
5			
6			
7			

五、问题讨论

1. 在纳米 TiO_2 合成过程中加入盐酸和乙酸，分别起什么作用？

2. 由于钛酸丁酯极易水解，在合成过程中所有仪器都必须干燥，分液漏斗中溶液组成本身就含水，为什么也必须干燥？

3. TiO_2 是比较理想的光催化剂，有哪些优点？

4. TiO_2 只能吸收不到 5% 的太阳光，因此基于 TiO_2 光催化剂的研究主要集中于 TiO_2 的改性，现行 TiO_2 改性主要有哪些方法？

5. 在废水处理中使用光催化剂有哪些优点？

6. 对实验改进有哪些设想和建议？

六、知识链接

二氧化钛的制备有多种方法，包括硫酸法、氯化法、溶胶-凝胶法、水热法等。工业上主要使用前两种方法。硫酸法利用硫酸溶解含钛矿物，得到硫酸氧钛，经过纯化和水解得到偏钛酸，再经转窑焙烧得到二氧化钛，工艺流程复杂，且废弃物排放多，能源消耗大；氯化法使用氯气与含钛矿物反应生成四氯化钛，经过精馏提纯后，进行气相氧化，得到二氧化钛。这种工艺相对简单、能够连续生产、生产效率高、产品质量稳定、能耗相对较低。溶胶-凝胶法和水热法适合小规模制备，例如实验室合成。溶胶-凝胶法制备的二氧化钛粉体纯度高、颗粒均匀、分散性好，但是原料成本昂贵、合成时间长；水热法制备的二氧化钛结晶性好、纯度高、粒径小、分散性好，但是合成需要高温高压，有一定危险性，且需要对溶液条件，如 pH、原料浓度、反应温度、反应时间等进行精准控制。

七、参考文献

1. 戴兢陶，王新红．物理化学与仪器分析实验［M］．苏州：苏州大学出版社，2019.

2. 毛宗万，童叶翔．综合化学实验［M］．北京：科学出版社，2008.

3. 裴阳，曾丹林．二氧化钛微球的制备及应用研究进展［J］．中国粉体技术，2017，23：71-77.

4. Ayorinde T W，Sayes C M. An updated review of industrially relevant titanium dioxide and its environmental health effects ［J］. Journal of Hazardous Materials Letters，2023，4：100085.